KB084885

Semi-Permanent Make-up

관상을 바꾸는

시대인

관상을 바꾸는 반영구 화장

초판발행일 2017년 8월 10일
초판인쇄일 2017년 6월 20일

저 자 박경수
발 행 인 박영일
책임편집 이해욱

편집진행 김은영, 김고은, 오지환
표지디자인 박종우
편집디자인 신해니

발 행 처 시대인
공 급 처 (주)시대고시기획
출판등록 제10-1521호

주 소 서울시 마포구 큰우물로 75 [도화동 538 성지B/D] 6F
전 화 1600-3600
팩 스 02)701-8823
홈페이지 www.sidaegosi.com

I S B N 979-11-254-3589-1(13590)

가 격 35,000원

Semi-Permanent Make-up

관상을 바꾸는

Prologue

운칠기삼[運七技三] : 모든 일의 성패는 운이 7할이고, 노력이 3할을 차지한다는 뜻
아무리 노력해도 일이 이루어지지 않거나, 노력을 들이지 않았는데 운 좋게 어떤 일이 성사되었을 때 쓰는 말이다.

반영구 화장과 관상학적 개념을 연결하여
복 있는 좋은 관상으로 거듭나기 위한 스킬, "운7기3" 기법을 적용하여 본서에 담았다.

미용 산업이 큰 시장으로 자리 잡으면서 동시에 한국의 미용기술이 국내외로 각광을 받으면서 이를 배우기 위해 해외에서는 한국인 강사를 초청하고 있다.
한국의 기술을 인정해 주고 한류 열풍에 더욱 힘을 얻어 미용기술이 더욱 빛을 발하고 있기 때문에 한국에서는 남녀노소를 불문하고 미용기술을 배우고자 하는 수요가 점점 많아지고 있다.

특히 대중적인 피부, 헤어, 네일아트의 분야를 넘어 속눈썹 연장, 왁싱, 눈썹 · 아이라인 · 입술 등의 반영구 화장의 인기가 대중적으로 더욱 더 커지고 있으며, 이 분야의 수요 또한 늘어나고 있는 실정이다. 그러나 배우고자 하는 수요가 점차 많아지고 있음에도 불구하고 아직 이 분야로의 입문을 위한 교재들이 많지 않다.

이에 저자는 반영구 화장과 관상학적 개념을 연결하여 좋은 관상을 만드는 반영구 화장의 이론과 실무에 '운칠기삼'이라는 기법을 적용하여 좋은 관상으로 거듭나기 위한 스킬을 본 도서에 담았다.

– 운

'운수대통'이란 말은 누구나 좋아하고 바라는 말이다. 이런 좋은 일만 생기길 바라며, 반영구 화장의 올바른 이해와 규칙 속에 관상을 적용, 기존 반영구 화장이라는 교육을 체계적으로 받지 못한 분들과 새로 배우는 모든 분들의 이해와 상담 스킬에 도움이 되도록 하였다.

– 칠

7 또한 럭키 세븐,
운칠기삼의 내용처럼,
좋은 관상으로 바꿔주어 복 있는 좋은 운을 가질수 있도록 돕는다면
반영구 화장을 받은 사람들은 그 당당함이 더 크리라 본다.

– 기

기세당당!! 반영구 화장에 대해 바로알고 시술한다면 아름답고 좋은 관상의 이미지로 바뀔 수 있으리라 본다.

– 삼

삼류에서 일류로 거듭날 수 있는, '운칠기삼'이라는 기법을 잘 숙지하시어 모든 반영구 화장을 배우는 사람과 시술을 받는 사람들까지도 좋은 일만 가득하길 바라는 마음으로 이 도서를 잘 활용하시길 바란다.

항상 아낌없는 응원과 재료, 이미지, 고무판 협찬을 해주신 (주)피비에스코리아 황종열 대표님께도 감사를 표하며, 긴 시간 집필에 도움을 주신 (주)시대고시기획 임직원 여러분께도 감사의 말씀을 전합니다. 끝으로 이 책을 활용하는 모든 이들의 행운과 번창을 기원합니다.

저자 박경수

Contents

PART 01 반영구 화장의 개요

PART 02 반영구 화장의 기초

PART 03 좋은 관상으로 바꾸는 반영구 화장

PART 04 반영구 화장의 실제

PART 05 소독과 위생

Part 01
반영구 화장의 개요

01 /
반영구 화장 이해하기

02 /
반영구 화장과 피부

03 /
개인별 특성에 따른 반영구 시술

04 /
국내외 반영구 화장의 현황

Chapter

01 반영구 화장 이해하기

Chapter 01에서는 반영구 화장의 개념과 그 종류에 대해서 간단히 알아본 후, 반영구 화장의 시술을 받을 수 있는 시술대상자의 조건에 대하여 자세히 알아보도록 한다.

1. 반영구 화장이란?

반영구 화장은 단어가 가진 의미 그대로 '반영구적인(semi-permanent) 화장법(make-up)'이다. 즉, 일반 화장에 비해 지속력이 매우 긴 화장 방법이며, 특수 화장기법으로 땀이나 물에 지워지지 않는 "오래가는 화장법"으로 정의할 수 있다. 따라서 반영구 화장을 세미-퍼머넌트 메이크업(semi-permanent make-up)이라고 하기도 한다.

반영구 화장은 아름다움을 만들어 오랫동안 유지시키기 위하여 문신으로부터 발전한 새로운 기법의 화장술이며, 이때 오랫동안 유지된다는 것은 짧게는 수개월에서 길게는 수년을 의미한다. 그리고 이후에는 서서히 흐려져 사라지게 되므로 문신처럼 영구적으로 지속되는 것은 아니다.

반영구 화장은 여러 가지 측면에서 문신과 다르고 전혀 다른 화장술이라고 할 수 있다. 하지만 그럼에도 불구하고 아직까지 많은 사람들이 반영구 화장을 문신과 혼동하고 있다. 이는 반영구 화장이 문신에서 사용하는 기술과 기계의 발달로부터 유래되었으며, 그 용어에서 '영구(permanent)'라는 단어가 '오랫동안', '영원히'라는 뜻이기 때문일 것이다.

A.D.V.I.C.E

반영구 화장을 뜻하는 다양한 단어들

- 세미-퍼머넌트 메이크업 (Semi-permanent make-up)
- 퍼머넌트 메이크업 (Permanent make-up)
- 컨투어 메이크업 (Contour make-up)
- 롱 타임 메이크업 (Long time make-up)

2. 반영구 화장의 종류

(1) 사용 도구에 따른 반영구 화장의 종류

① 머신기법

머신 혹은 디지털 머신에 바늘을 장착하여 자동으로 바늘이 상하로 움직이면서 피부 표면에 색소를 주입시키는 기법으로 화장 눈썹, 아이라인, 입술, 미인점 등을 표현한다.

디지털 머신

출처 : (주)피비에스코리아 제공

② 수지기법

펜대에 바늘을 장착하여 수동으로 시술하는 기법으로 수지눈썹, 자연눈썹, 헤어라인, 미인점 등을 표현한다.

출처 : (주)피비에스코리아 제공

(2) 표현기법에 따른 분류

① 화장(눈썹) 기법

초기 반영구 화장 기법으로서, 펜슬로 눈썹을 그린 듯이 표현되므로 '화장눈썹'이라 불린다.

② 수지(눈썹) 기법

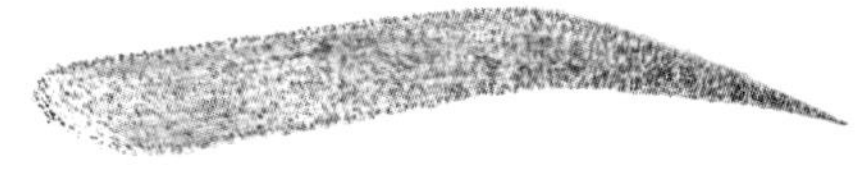

결과물이 화장눈썹과 유사하나, 수동적인 방법인 점묘법으로 시술하는 방법으로서 화장눈썹과 구분하기 위해 '수지눈썹'이라 불린다.

③ 자연(눈썹) 기법

엠보 바늘을 사용하며, 결과물이 원래의 자연적인 눈썹과 비슷하다 하여 '자연눈썹'이라 불린다.

④ 콤보(눈썹) 기법

화장눈썹과 자연눈썹을 모델의 눈썹 상황에 따라 복합적으로 사용한다.

표현기법에 따른 분류

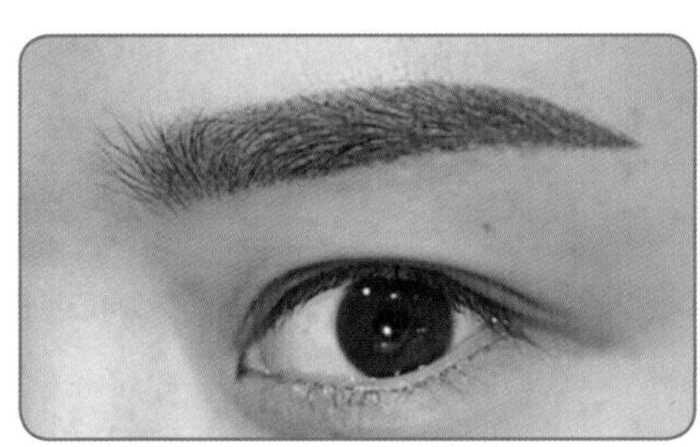

[화장기법]

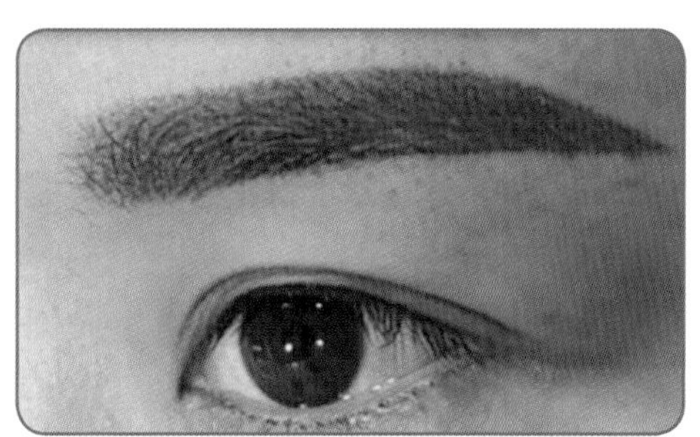

[수지기법]

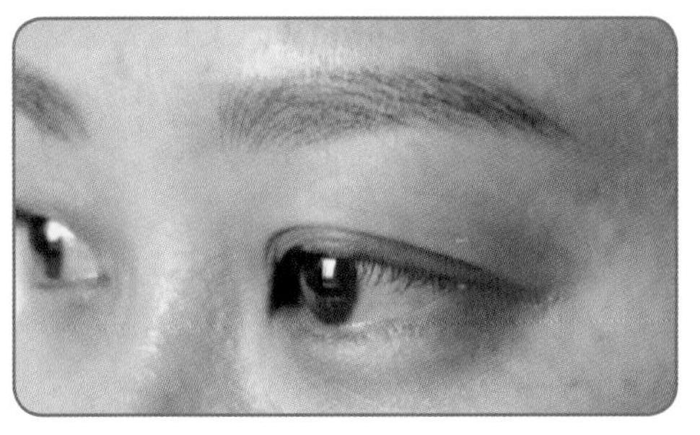

[자연기법]

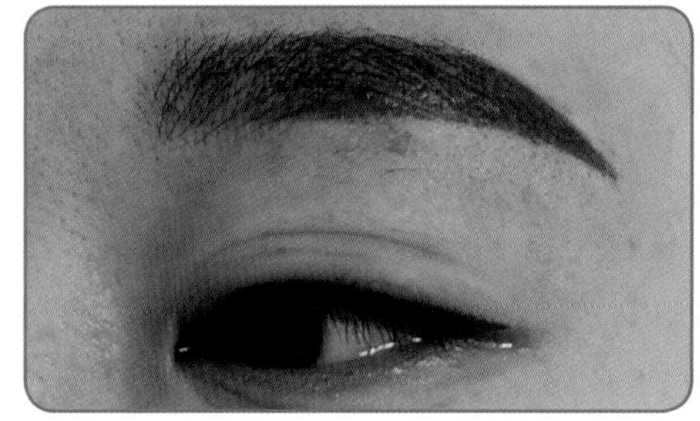

[콤보기법]

(3) 시술부위에 따른 분류

눈썹, 아이라인, 입술, 헤어라인, 유륜, 흉터 등

다양한 시술부위 사진들

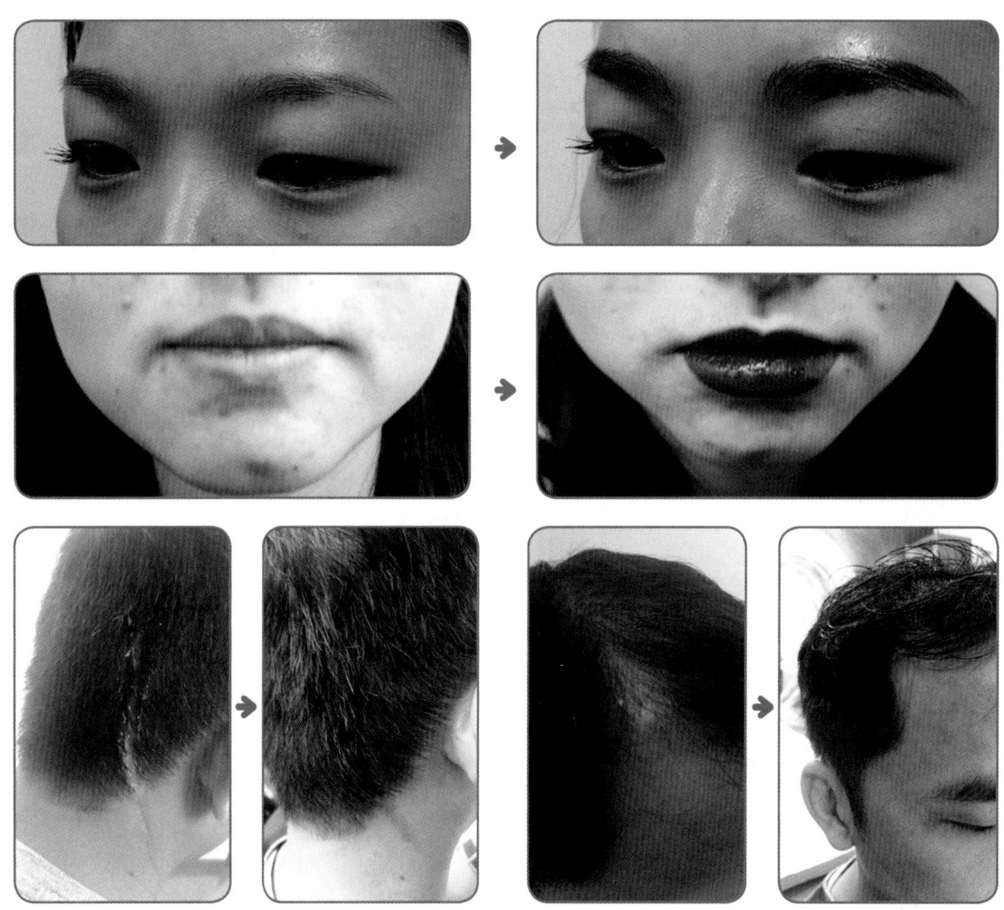

3. 반영구 화장의 시술대상자

(1) 시술이 필요한 고객

① 메이크업을 매일 해야 하는 직장 여성들
② 모델이나 배우
③ 운동을 즐기는 사람, 특히 수상 스포츠를 즐기는 사람
④ 신체적으로 불편하여 메이크업이 어려운 사람
⑤ 화장품 알레르기가 있는 사람

⑥ 뚜렷한 눈매나 입술 등 외모의 개선을 원하는 사람
⑦ 입술의 모양이나 크기의 변화를 원하는 사람
⑧ 백반증이 있는 사람
⑨ 화상 흉터나 수술하기 힘든 흉터(특히 눈썹 흉터나 유두수술 흉터)가 있는 사람
⑩ 탈모부위가 있는 사람
⑪ 튼 살이 있는 사람
⑫ 피부의 색소성 질환이 있는 사람

(2) 시술은 가능하나 주의가 필요한 고객

① 관절염(Arthritis)
② 류마티스 질환(Rheumatism)
③ 고혈압(Hypertension)
④ 당뇨병(Diabetes)
⑤ 화학물질 알레르기(Chemical allergy)
⑥ 심장질환(Heart disease)

(3) 시술이 불가능한 고객

① 피부암(Skin cancer)
② 백혈병(Leukemia)
③ 혈우병(Hemophilia)
④ 임산부(Pregnancy)
⑤ 간질병 환자(Epileptic)
⑥ 바이러스 감염자
⑦ 켈로이드(Keloids)
⑧ 눈 밑의 다크서클(Dark circles under eyes)
⑨ 정맥류(Varicose veins)
⑩ 어린이
⑪ 급성 피부질환
⑫ 건강염려증
⑬ 알코올중독, 약물중독

A.D.V.I.C.E

- 생리주기의 여성은 호르몬 불균형 상태이므로 시술을 피하는 것이 좋다.
  (통증이 더 심할 수 있으며, 색소 착색률이 현저히 떨어진다)
- 임산부의 경우 본인이 원하더라도 출산 후에 시술을 받아야 한다.
- 레이저나 화학약물로 문신을 제거한 사람은 최소 2개월이 경과한 후에 시술을 받아야 한다.
- 여드름 치료제인 Roaccutane, Retin–A 복용자는 투약을 중지 후 3개월이 경과된 후에 시술해야 한다.
- 알코올 중독 치료제인 Anatabuse 복용자는 투약을 중지한 후 3개월이 경과한 후에 시술해야 한다.
- 혈액형과 피부타입에 따라서 색소 착색률이 다르게 나타나기도 하는데, RH– 혈액형이나 산성 피부를 가진 사람들에게 색소 착색률이 안 좋게 나타나는 경우가 많으므로 주의해야 한다.

통계로 보는 다양한 반영구 화장

박건희, 2013, "반영구 화장의 시술실태에 관한 연구", 석사학위논문, 중앙대학교 대학원, 21면

반영구 화장 시술이 필요한 사례

구 분	내 용
공 통	• 땀을 많이 흘리는 경우 • 스포츠나 야외활동을 즐기는 경우 • 시간에 쫓겨 화장이 어려운 경우 • 화장을 잘하지 못하는 경우 • 메이크업을 할 수 없는 직업을 가진 경우 • 생얼의 이미지가 흐릿한 경우 • 흉터를 가리고자 하는 경우
눈 썹	• 눈썹 숱이 없거나 흐린 경우 • 눈썹이 짝짝이인 경우 • 예전의 문신을 지운 후 재시술을 받고자 하는 경우 • 문신의 색상이나 디자인을 커버하고자 하는 경우 • 원래 눈썹 디자인을 변경하고자 하는 경우 • 눈썹을 통해 이미지를 변화하고 싶은 경우
아이라인	• 눈매가 흐리거나 좀 더 길게 혹은 크게 보이고 싶은 경우 • 민감해서 눈 화장이 곤란한 경우 • 눈 화장이 쉽게 지워지는 피부를 가진 경우 • 쌍꺼풀 수술 후 어색한 경우
입 술	• 입술색이 칙칙하거나 창백한 경우 • 입술라인이 흐릿한 경우 • 입술색에 변화를 주고 싶은 경우
미인점	• 얼굴에 포인트를 주고 싶은 경우
헤어라인	• 헤어라인이 고르지 않거나 각진 경우 • 머리숱을 많아 보이게 하고 싶은 경우 • M자 이마인 경우 • 이마나 두피에 수술자국이 있는 경우 • 이마가 넓은 경우 • 직업상 업스타일이나 올백스타일을 유지해야 하는 경우

Chapter

02 반영구 화장과 피부

반영구 화장을 이해하기 위해서는 반영구 화장의 영향을 받는 피부의 주요 구조를 식별하여야 한다.
Chapter 02에서는 사람의 피부구조와 특징에 대하여 간단히 알아본 후, 반영구 화장의 시술로 인하여 피부에 발생할 수 있는 다양한 문제점들에 대해 알아보도록 한다.

1. 피부구조

피부는 외부에서부터 크게 표피, 진피, 피하지방층의 세 부분으로 구성된다. 표피는 가장 바깥쪽에 위치하고, 진피에는 땀샘 · 모낭 · 피지샘 · 혈관 등의 구조물이 존재하며, 맨 마지막 아래에 지방세포로 구성된 지방층이 위치한다.

① 표피 : 각질형성세포가 대부분을 차지하며, 이외에도 멜라닌세포, 랑게르한스세포, 부정형세포, 메르켈세포가 존재한다.
② 진피 : 콜라겐 섬유와 탄력 섬유가 대부분을 차지하며, 털샘피지 단위, 에크린 및 아포크린 땀샘단위, 손발톱 등의 피부부속기를 포함하고 있다.
③ 피하지방층 : 지방세포들로 구성되어 있으며 신경, 혈관, 피부부속기를 통하여 구조적 · 기능적으로 진피와 밀접한 관련을 가지고 있다.

피부계의 구조

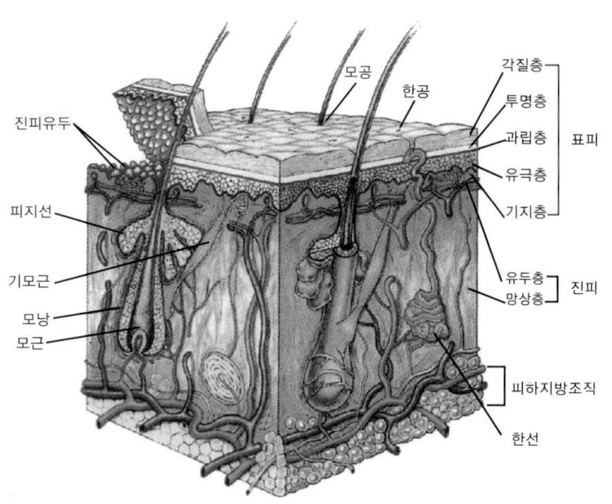

표피의 구조

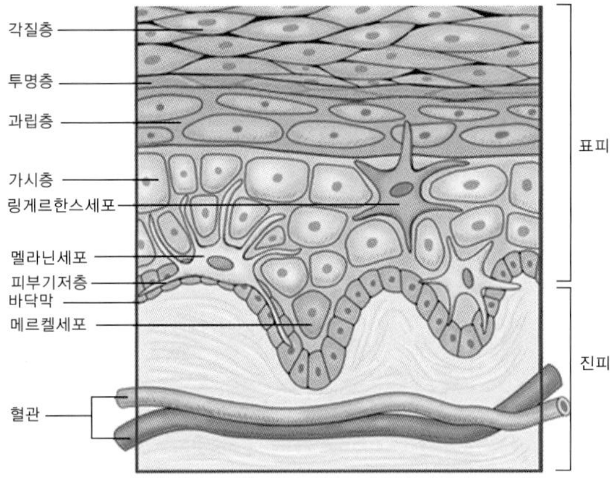

반영구 시술은 표피층인 각질층, 투명층, 과립층, 유극층, 기저층 중에서 과립층까지 터치가 이루어지며, 표피층의 피부세포는 신진대사를 거듭하면서 세포의 탈각화(각화현상)가 이루어지기 때문에, 반영구 시술 시에 세포의 탈각화로 2~3년에 걸쳐 색이 자연스럽게 빠지게 되는 것이다.

2. 피부의 기능

① 외부의 유해한 자극에 대한 장벽 역할을 수행한다.
② 수분과 전해질의 외부 유출을 방지한다.
③ 체온을 조절한다.
④ 촉각, 압각, 통각, 온도 자극 등에 대한 감각기능을 수행한다.
⑤ 면역기능을 수행한다.
⑥ 비타민 D를 합성한다.
⑦ 내부 장기의 이상을 표현하는 기관이 된다.
⑧ 약물을 투입하는 통로가 된다.

 A.D.V.I.C.E

저자는 기존 미용 문신의 단점을 보완하여 피부 표피층과 과립층 사이에만 안전하게 착색을 시키는 기법(예 색소가 천연 미네랄 입자 헤나의 일종으로 봉숭아물들이기 원리와 같은 착색 방법을 이용한 반영구 화장법)을 개발하였다. 이러한 기법은 신진대사를 거듭할수록 자연스러워지고, 다른 시술 방법들보다 안전하다는 특징이 있다. 이렇게 계속해서 기존의 착색방식이 아닌 보완된 시술방법들이 다양하게 개발되고 있으므로, 현재 시술방법에 만족하지 않고 다양한 테크닉과 시술방법들을 습득할 수 있기를 바란다.

3. 반영구 화장의 부작용

반영구 화장은 피부를 관통하는 시술이므로 여러 가지 문제점이 나타날 수 있다. 특히 피부를 뚫는 바늘 및 재료를 통해 여러 가지 감염이 전파될 수 있기 때문에 반드시 위생적인 일회용 도구를 사용하는 것이 중요하다.

(1) 감 염

도구, 색소, 시술자 피부에 대한 불완전한 소독으로 간염과 같은 감염성 질병이 전파될 수 있으므로 반드시 멸균된 바늘과 기구를 사용해야 한다. 철저히 멸균된 일회용 바늘을 이용하여도 바늘을 장착하는 장비의 구조상 바늘이 오염되는 경우가 있다.

➔ 감염을 막기 위해 시술자는 시술 전 손을 깨끗이 씻어야 하며, 시술을 받은 사람도 시술 후 1주일간은 사후관리에 신경을 써야 한다.

(2) 알레르기 반응

피부 내에 여러 가지 물질이 들어가게 되므로, 주입된 물질에 따라 항원이 되어 알레르기 반응이 나타날 수 있다.

➔ 매우 드문 경우이기는 하지만, 만약 알레르기가 발생하게 되면 색소 자체를 제거하는 것이 어렵기 때문에 심각한 문제가 될 수 있다. 따라서 반드시 시술대상자가 특이성 알레르기 반응 체질인지를 확인한 후에 시술에 들어가는 것이 좋다.

(3) 육아종

색소 입자를 이물질로 인식하여 색소 입자 주변에 결절이 발생할 수 있다. 탤크(Talc) 성분이 있는 색소에서 주로 보고되고 있다.

➔ 특수 염증의 한 형태이며, 육아조직으로 이루어진 염증성 결절모양으로 색소 선택과 위생부분의 철저한 관리가 필요하다.

(4) 비후성 반흔

일반적으로 진피유두부 상층까지의 상처는 반흔이 생기지 않지만, 너무 깊이 시술하면 감염 및 이물 반응 등으로 비후성 반흔이 발생할 수 있다.

➔ 비후성 반흔은 켈로이드와 비슷하지만 그 경과가 전혀 다르다. 시술 후 색소착색이 잘 안될 수도 있고 부풀어오르는 경우가 있으므로, 시술 전 정확한 상담과 진단이 선행되어야 한다.

(5) 켈로이드 형성

켈로이드 체질을 가진 사람은 시술 부위에 켈로이드가 발생할 수 있다. 켈로이드는 피부가 외상을 입었을 때 생길 수 있는데, 문신이나 반영구 화장을 일종의 외상으로 볼 수 있기 때문이다.

➡ 켈로이드는 문신이나 반영구 화장 시술을 했을 때보다 기존 문신이나 반영구 화장의 시술 부위를 제거하는 시술을 할 때 더욱 잘 발생한다.

(6) MRI 촬영 시 문제점

MRI 촬영 시 시술받은 부위에 부종이 생기거나 화상을 입은 경우가 보고된 적이 있으며, MRI 이미지를 방해하는 경우가 있다고도 보고되었다. 특히 아이라인 시술을 받은 경우 눈에 MRI 촬영을 할 때 이미지가 방해를 받게 되는데, 이는 색소 내 Iron oxide와 같은 금속 성분과 MRI가 상호 반응을 일으켜 나타나는 결과이다.

➡ 피부 내에 주입되는 색소는 극소량이기 때문에 이런 문제는 매우 드물게 발생하는 것으로 알려져 있고, 발생한다 하더라도 일시적으로 나타났다가 특별한 후유증 없이 소멸된다.

(7) 단순포진

과거에 단순포진 바이러스에 감염되었던 사람은 재발성 단순포진이 발생할 수 있다. 보통 여러 개의 붉은 물집을 동반한 융기로 시작되는데, 처음 1~2일은 입술 주위에 통증이 느껴지다가 여러 개의 작은 물집이 생긴다. 이때 발열, 전신무력감, 근육통, 림프절이 붓는 등 다양한 전신 증세가 나타난다. 물집은 며칠 후 저절로 터지며 흉터를 남기지 않고 회복되는데, 기간은 1~3주 정도 걸린다.

➡ 단순포진이 발생한 경우에는 약물치료로 항바이러스제를 바르거나 복용하며, 세균의 2차 감염을 방지하기 위하여 항생제 연고를 바른다. 물집이 있는 경우 냉습포 요법이 효과가 있다.

반영구 화장 시술의 부작용

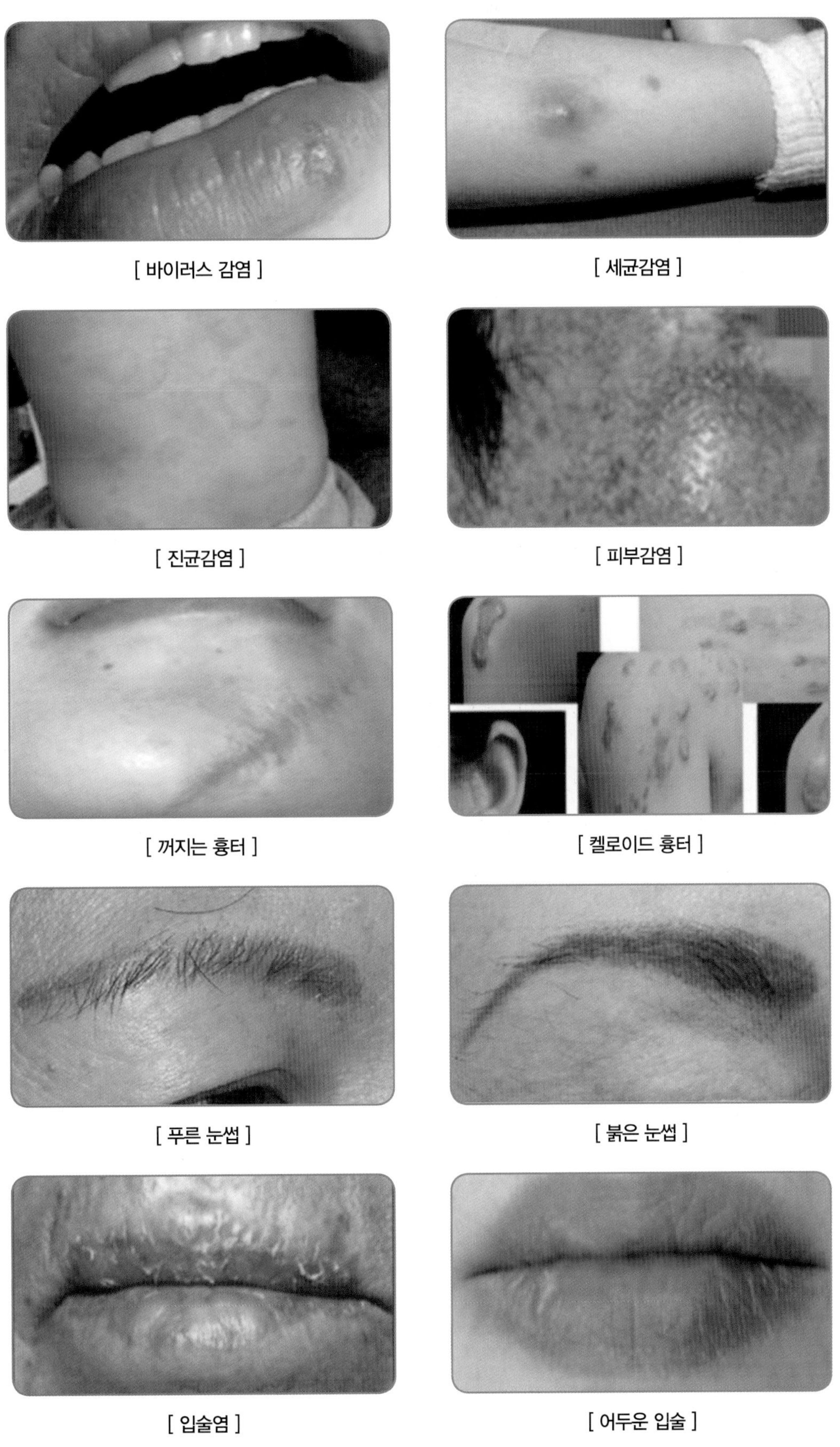

[바이러스 감염]

[세균감염]

[진균감염]

[피부감염]

[꺼지는 흉터]

[켈로이드 흉터]

[푸른 눈썹]

[붉은 눈썹]

[입술염]

[어두운 입술]

Chapter

03 개인별 특성에 따른 반영구 시술

개인별로 피부의 특성과 상태에 따라 시술에 따른 결과가 크게 달라지기 때문에 시술 전에 시술대상자의 피부상태와 피부타입을 충분히 고려하는 것은 매우 중요하다.

Chapter 03에서는 개인마다 다른 피부타입과 피부구조 · 피부 컨디션에 따른 각질주기를 알아보고, 이에 따라 개인에게 맞는 시술각도와 방법, 주의사항에 대하여 정확히 알아보도록 한다.

반영구 화장의 미세염료(색소)는 표피층에 착색되는 것을 목적으로 한다. 한번 착색이 된 염료(색소)는 평균 한 달에서 길게는 1~2년 정도 피부층에 머물게 되는데, 이는 염료(색소)를 분비물이나 노폐물로 인식하지 않고 피부층으로 인식하기 때문이다.

하지만 같은 색소를 사용하더라도 눈썹, 아이라인, 입술 등 시술 부위에 따라 피부조직이 다르게 형성되어 있기 때문에 색소 착상률과 착색되는 색은 일정하지 않다. 따라서 시술 부위에 따른 피부조직의 특성과 개인이 가진 피부의 특성, 즉 시술할 고객의 인종 · 연령 · 성별 등을 종합적으로 고려하여 그에 맞도록 시술이 이루어져야 한다.

개인마다 다른 피부타입과 피부구조, 피부 컨디션, 영양소 공급상태 등 그에 맞는 각질주기를 알고 시술이 이루어질 때 고객의 만족을 극대화 할 수 있는 시술이 가능하다.

1. 피부타입별 시술방법

피부타입 확인하기

세안 후 3~4시간 동안 아무것도 바르지 않고 거울을 봤을 때

- 전체적으로 피지분비(번들거림)없이 건조함을 느낀다면? ➔ 건성
- 전체적으로 건조함 없이 피지분비(번들거림)가 많다면? ➔ 지성
- 전체적으로 건조하긴 하나 부분적으로 피지분비가 있다면? ➔ 건성에 가까운 복합성
- 전체적으로 피지분비로 인해 번들거리긴 하나 부분적으로 건조하다면? ➔ 지성에 가까운 복합성
- 전체적으로 피지분비도 적당하고 건조함도 없다면? ➔ 중성

(1) 건성피부의 시술

① **특징** : 건성피부는 피부에 유분과 수분의 함유량이 적고 각질층이 불균형하며, 피부결이 거칠다. 또한 표피의 묵은 각질의 탈락이 제대로 이루어지지 않는다.

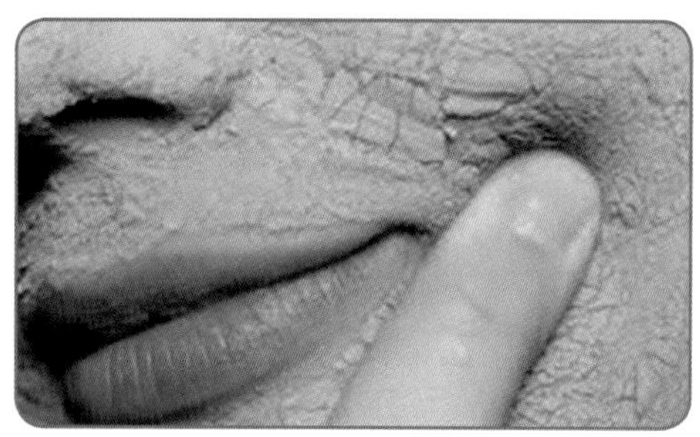

② **시술방법** : 시술 전에 시술 부위의 각질을 제거해야 한다. 또한 정상적인 피부의 각질주기인 28일보다 주기를 더 길게 보고, 리터치 시기를 첫 시술이 이루어지고 난 뒤 40일 이후로 정하는 것이 바람직하다.

③ **시술각도** : 건성피부는 80도 각도가 좋다.

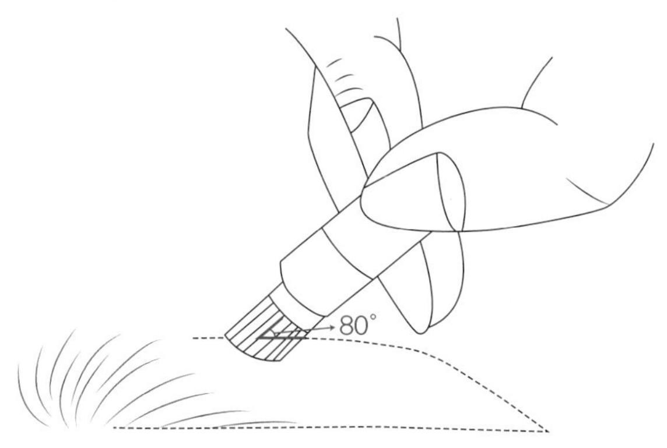

 A.D.V.I.C.E

불필요한 각질제거를 통해 염료(색소)가 원하는 대로 착색이 잘 될수도 있지만, 만약 피부 안에 비립종과 같은 염증질환이 있다면 피부 내에 순환 장애를 잘못 건드리게 되어 비립종과 색소가 합쳐져 진피까지 타고 들어갈 수 있으니 주의해야 한다.

(2) 지성피부의 시술

① **특징** : 피지분비량이 많아 모낭충(여드름 균)이 많으며 피부에 유분이 많다. 그리고 과거에 여드름이 많았던 경우가 많아 모공이 넓고 피부결이 두꺼운 귤껍질처럼 느껴질 만큼 두껍다. 그렇다고 각질층이 두껍거나 표피층이 두꺼운 것은 아니나 표피로 느껴지는 느낌이 그러하다. 그리고 각질탈락도 빨라 시술 후 유지기간이 건성피부보다 짧다.

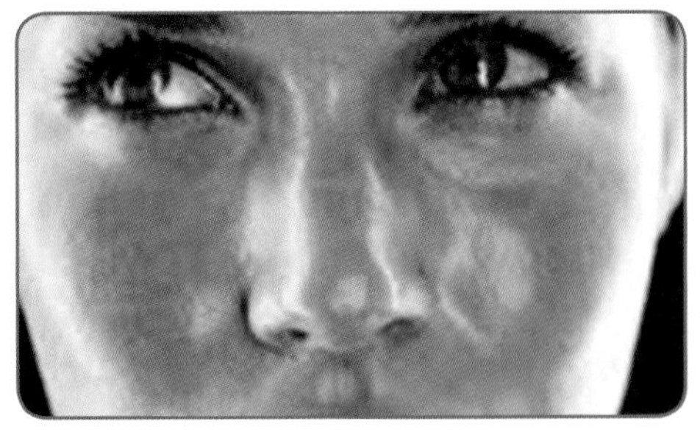

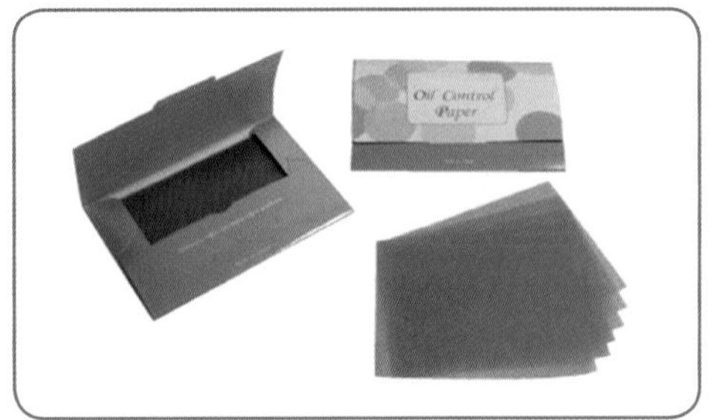

② **시술방법** : 각질주기가 건성피부보다는 빠르기 때문에 주기를 30일로 보고 리터치 시기를 정하도록 한다. 각질층이 두껍다고 생각하여 진한 염료(색소)를 사용하거나 니들 깊이를 깊게 하면, 유분과 만나서 원하는 이상의 염료(색소)로 변색되거나 푸른빛에 시술할 때보다 두껍게 착색될 확률이 높다. 특히 남성의 경우 피지분비량이 과다하거나 지루성 피부염을 가지고 있는 고객들이 있기 때문에 처음부터 염료(색소)와 시술각도에 각별히 주의해야 한다.

③ **시술각도** : 지성피부는 90도 각도가 좋다.

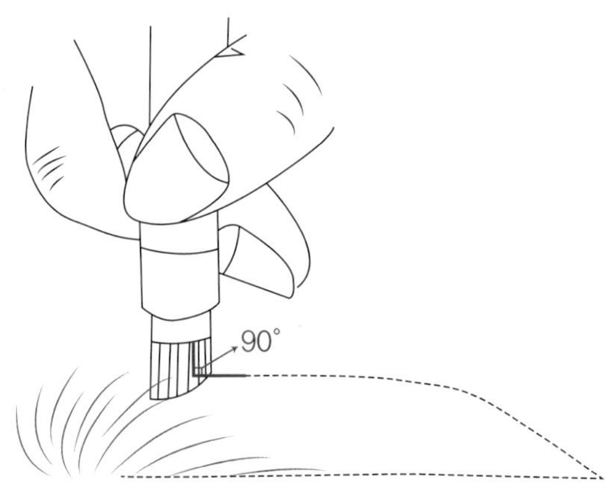

A.D.V.I.C.E

지성피부는 항상 모낭충이 서식하므로 시술 후 가려움, 붉게 부어오름, 피가 나거나 진물이 나는 등의 증상이 있을 수 있는데, 이러한 증상이 나타나는 부위에는 정상적인 염료(색소) 착색이 어렵다.

(3) 복합성 피부의 시술

① **특징** : 지성과 건성을 동반한 피부로서, 일반적으로 T존 부분에 피지분비량이 많고 유분이 많아 메이크업을 해도 T존 부위만 번들거리거나 잘 지워진다. 모낭충이나 비립종이 생기거나 T존 부위에 피부 트러블이 생기게 되므로, 시술 후 사후관리가 더욱 더 중요하다.

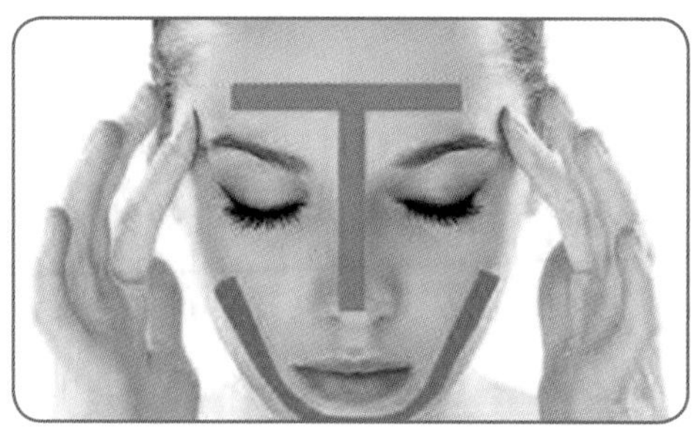

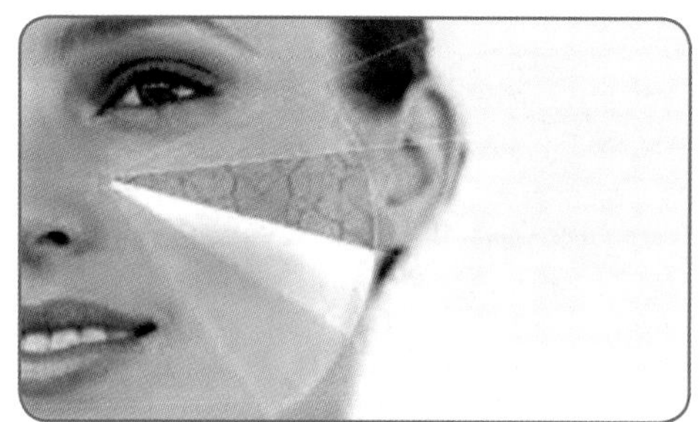

② **시술방법** : 복합성 피부는 지성과 건성을 동반하므로 시술 부위의 피부 상태를 먼저 확인해야 한다. 시술 부위의 피부가 지성에 가깝다면 유분을 충분히 제거 후 시술해야 하며, 건성에 가깝다면 시술 강도를 약하게 시술해야 피부 안에서 색소 퍼짐 현상을 피할 수 있다.

③ **시술각도** : 복합성 피부는 앞부분은 70도, 끝부분은 90도 각도를 유지하는 것이 좋다.

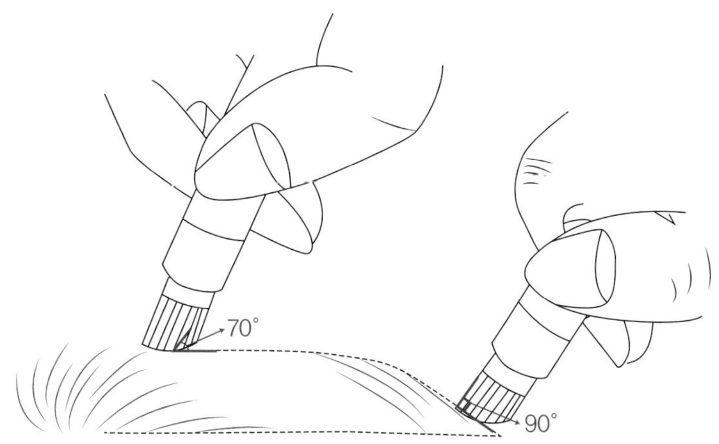

 A.D.V.I.C.E

복합성 피부는 지성 피부와 거의 비슷하다. T존 부위 주변은 항상 모낭충이 서식하므로 시술 후 가려움, 붉게 부어오름, 피가 나거나 진물이 나는 등의 증상이 있을 수 있는데, 이러한 증상이 나타나는 부위에는 정상적인 염료(색소) 착색이 어렵다.

2. 인종차이에 따른 색소 선별과 시술방법

인종에 따라 멜라닌 색소의 분포 양상이 달라지므로 흑인, 백인, 황인 등의 피부색의 차이가 생기게 된다. 그리고 이러한 피부색은 반영구 화장 시술시의 색소 선택에 영향을 미치기 때문에 매우 중요하다.

(1) 동 양

동양인의 대부분은 황색 또는 갈색의 피부색을 가진 황인종이다. 따라서 눈썹과 아이라인 모두 황색인 피부는 다크 브라운과 브라운, 라이트 브라운 계열의 색상이 가장 잘 어울린다. 하지만 이는 보편적인 이야기이고, 개인에게 가장 잘 어울리는 색은 시술대상자의 머리카락이나 눈썹색과 가장 비슷한 컬러로 시술하는 것이다.

(2) 서 양

① 백인 피부

눈썹과 아이라인 시술 시 본인의 머리카락이나 눈썹 컬러를 보고 선정하여 시술하되, 백인의 경우 피부가 아이보리 계열의 흰 편이 많으므로 브라운 계열의 컬러가 무난하다. 완전히 브라운 계열의 색소로 시술하게 되면 색이 탈락되면서 붉은 계열로 변색될 수 있으므로, 브라운 계열에 카키 계열의 컬러를 10분의 1 정도 섞어 사용한다면 탈락할 때 붉게 변색되는 것을 방지할 수 있다. 그리고 백인은 피부층이 얇은 편이므로 시술 시 각도는 90도(직각)가 좋다.

② 흑인 피부

마찬가지로 눈썹과 아이라인 시술 시에 시술대상자의 머리카락이나 눈썹 컬러를 보고 색을 선정하여 시술하되, 흑인의 경우 피부가 황인보다 어두운 브라운 계열의 피부톤을 가지고 있는 사람들이 많아 본인의 피부톤보다 조금 더 어두운 컬러로 시술하는 것이 자연스럽다.

A.D.V.I.C.E

개인별 피부 특성을 충분히 고려하여 시술을 하기 위해서는 무엇보다 시술 전 충분한 상담이 필요하다. 상담을 통해 고객이 가지고 있는 피부 특성을 정확히 파악해야 하며, 시술자와 시술대상자가 서로에 대한 신뢰를 가질 수 있도록 시술 과정에 대해서도 충분히 설명해야 한다.

- 고객카드를 작성하여 충분한 상담을 한다.
- 시술 전 · 후 사진을 반드시 찍어 놓는다.
- 시술대상자의 얼굴형과 피부상태, 나이에 맞게 디자인을 한다.

3. 피부 유형별 시술방법

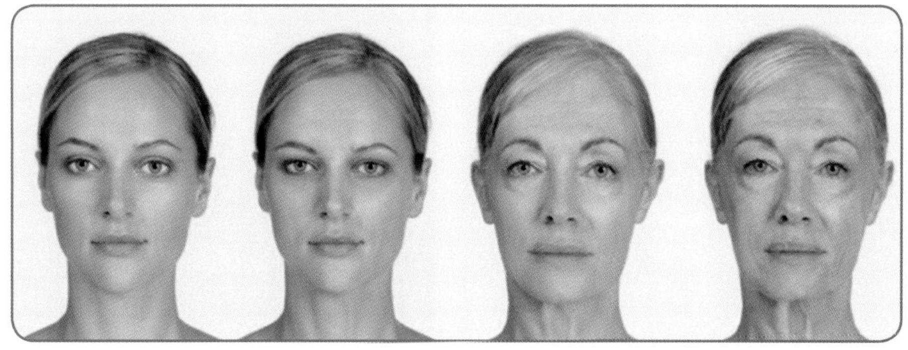

(1) 10~20대 피부

- 10~20대의 경우에는 피부가 얇거나 예민할수록 빠른 터치를 피하며, 가벼운 시술로 소프트하게 착색시켜 유지기간이 너무 길지 않도록 시술한다.
- 피부 재생속도가 빠른 반면, 표피층이 두껍지 않아 진하게 착색될 수 있으므로 자연스러운 착색을 위해 니들 속도와 깊이 조절을 신중히 해야 한다.

(2) 30~40대 피부

- 30~40대는 피부가 두껍거나 유분이 많은 경우 쉽게 착색되지 않으므로, 짧게 천천히 터치하여 시술하면 원하는 만큼의 색소가 착색된다.
- 피부에 유분이 많은 연령대이므로 다른 연령대보다 빨리 탈색될 수 있다. 따라서 리터치 시 조금 더 강하고 깊은 터치로 원하는 색소와 컬러를 연출할 수도 있다.

(3) 50~70대 피부

- 빠른 터치나 강한 시술보다는 부드럽게 시술해야 하며, 표피가 두껍기 때문에 원하지 않는 진한 색소가 남을 수 있다.
- 이 연령대에는 처음부터 연한 색소를 선택하여 시술 후 부자연스럽게 보일 수 있는 현상을 방지해야 한다. 나이가 들수록 눈썹 색소가 진하면 자연스러워 보이지 않는다.

피부 유형별 니들의 사용

- 두꺼운 피부 : 빠른 속도로 긴 니들을 사용한다.
- 얇은 피부 : 보통 속도로 짧은 니들을 사용한다.
- 건성 피부 : 보통 속도로 긴 니들을 사용한다.
- 지성 피부 : 빠른 속도로 짧은 니들을 사용한다.
- 젊은 피부 : 보통 속도로 짧은 니들을 사용한다.
- 탄력없는 피부 : 빠른 속도로 긴바늘을 사용한다.
- 나이 든 피부 : 느린 속도로 긴바늘을 사용한다.

Chapter

04 국내외 반영구 화장의 현황

'꽃보다 남자'의 헤어와 패션, '별 그대'의 트렌드, '태양의 후예'의 유행어 등 한류로 대변되는 대한민국 대중문화의 전 세계적 인기와 함께 이제는 세계적 수준과 경쟁력을 갖춘 뷰티와 헤어를 전문적으로 배우고 싶어 하는 니즈가 거세지면서 다양한 국가로 국내의 미용산업이 진출하고 있다.
Chapter 04에서는 국내외의 반영구 화장의 현황에 대해 알아본 후 시술대상자들을 상대로 한 반영구 화장의 인지도에 대하여 알아보자. 그리고 반영구 화장 시술을 응용하여 매출 향상에 큰 시너지를 높일 수 있는 미용분야의 샵들을 함께 알아보도록 한다.

1. 국내외 반영구 화장의 현황

(1) 반영구 화장의 해외 현황

외국의 경우 반영구 화장은 미용업의 전문분야로 채택되어 법적으로 허용되어 있기 때문에 자유 영업권을 보장받아 새로운 일자리를 창출하고 있다. 미국의 경우 98년도에 단독 법으로 제도화하여 미용인이든 의료인이든 이 업종에 종사하려는 사람은 누구나 자격을 취득하여 시술할 수 있도록 하고 있다.

[반영구 화장의 해외시장]

구 분	일 본	중 국	미국 · 캐나다 · 중남미	아시아	유 럽	중 동
반영구 화장 시술고객 (추정치)	50%	50%	40%	30%	60%	30%
특 징	불법적으로 전환시점 시장 확대 중	무한성장 가능지역	시장 성장기 성숙기 진입중	시장 초기진입	시장 성숙기 새로운 기술의 접목이 용이	시장 초기진입, 무한성장 가능지역

(2) 반영구 화장의 국내 현황

과거 국내의 반영구 화장은 개인의 차이를 고려한 디자인이 아닌 획일적인 디자인과 시술기법이 주를 이루었다. 하지만 최근에 들어서는 개인의 얼굴형, 피부색, 눈동자 색 등 다양한 요소들을 고려하여 보다 자연스럽고 다양한 반영구 화장 시술이 이루어지고 있다.

또한, 뜨거운 한류열풍에 힘입어 우리나라 이 · 미용 관련 분야 아티스트들의 외국 진출이 활발해지고 있으며 출장을 요구하는 외국들도 많아지고 있다. 하지만 정작 국내에서는 아직까지 소독과 위생에 대한 문제 때문에 반영구 화장의 시술을 의료인만이 시술해야 하는 의료행위로 규정하고 있고, 비의료인의 시술행위를 금지하고 있다. 따라서 메이크업을 전공하지 않은 의료인은 일반적으로 반영구 화장 시술을 할 수 없기 때문에 전문 미용인들을 통해 반영구 화장 시술이 이루어지고 있다.

[미용관련샵 업종별 수익 분석표(1인 원장 기준)]

(인당/만원 기준)

구 분	헤어샵	피부샵	네일샵	속눈썹 연장샵	반영구 화장샵
1인당 시술단가	4	5	2	5	20
일평균 고객 수	7	5	10	5	2
일평균 매출	28	25	20	25	40
월평균 매출	700	625	500	625	1,000
월평균 지출	200	150	150	100	150
월평균 순이익	500	475	350	525	850
창업비용	8,000	6,000	8,000	2,000	3,000
기술이전 교육비	500	500	500	100	500

(3) 한국 반영구 화장의 해외시장 진출

한국의 반영구 화장과 관련된 산업은 해외에서 지속적으로 폭발적인 성장세를 보이고 있다. 반영구 화장관련 제품들이 세계시장에서 점유율을 높이고 있는데, 중국의 경우는 유통 중인 반영구 화장 제품의 60% 이상이 한국 제품이고, 동남아 및 아랍권에서는 70% 이상의 점유율을 기록하고 있다. 이렇게 한국의 반영구 화장에 대한 반응이 전 세계적으로 뜨거워지면서 중국을 포함한 해외에서는 한국의 전문가들을 초빙하거나 각종 행사를 여는 등 적극적으로 교류를 진행하고 있다.

2. 반영구 화장의 인지도

구 분		빈도(명)	백분율(%)
반영구 화장에 대한 메이크업 인지도	전혀 아니다	1	0.5
	아니다	14	6.5
	잘 모르겠다	51	23.8
	그렇다	137	64.0
	매우 그렇다	11	5.1
반영구 화장에 대한 의료행위 인지도	전혀 아니다	11	5.1
	아니다	80	37.4
	잘 모르겠다	67	31.3
	그렇다	54	25.2
	매우 그렇다	2	0.9
반영구 화장에 대한 안전성 인지도	전혀 아니다	3	1.4
	아니다	43	20.1
	잘 모르겠다	50	23.4
	그렇다	112	52.3
	매우 그렇다	6	2.8
합 계		214	100.0

박건희, 2013, "반영구 화장의 시술실태에 관한 연구", 석사학위논문, 중앙대학교 대학원, 55면

반영구 화장에 대해 특별히 안전성 여부를 살펴보면, 대부분의 사람들이 '어느 정도 안전하다' 112명(52.3%), '매우 안전하다' 6명(2.8%)으로 50% 이상이 반영구 화장을 안전한 것으로 인식하고 있었다.

3. 반영구 화장이 함께 가능한 뷰티샵

최근에는 하나의 뷰티샵에서 하나의 시술만을 하지 않고, 다른 여러 가지 미용시술을 함께 하여 더 높은 부가가치를 창출하고 있다. 따라서 미용실, 피부관리실, 네일아트샵, 속눈썹샵 등에서 모두 반영구 화장을 적용하여 함께 시술을 할 수 있다.

통계로 보는 다양한 반영구 화장

박건희, 2013, "반영구 화장의 시술실태에 관한 연구", 석사학위논문, 중앙대학교 대학원

1. 반영구 화장을 알게 된 경로

구 분	빈도(명)	백분율(%)
주변사람으로부터 소문을 듣고	107	50.0
직접 시술한 사람을 보고	65	30.4
미용실	10	4.7
반영구 화장 전문샵	9	4.2
인터넷	9	4.2
잡지, 신문 등의 인쇄매체	3	1.4
TV 등의 전파매체	2	0.9
병 원	1	0.5
메이크업샵	5	2.3
네일샵	3	1.4
합 계	214	100.0

➔ 위의 통계를 통해 실제로 직접 반영구 화장 시술을 받은 사람들에 대한 이야기를 듣거나 실제 시술 결과를 살펴본 후 반영구 화장에 대해서 인지하게 되는 것을 알 수 있다.

2. 반영구 화장의 시술이유

구 분	평균(M)	표준편차(SD)
해당 부위(눈썹, 아이라인, 입술, 헤어라인, 미인점)의 결점보완을 위해	4.13	0.65
또렷하고 예쁜(잘 생긴) 생얼을 위해	3.93	0.82
이미지 변화에 도움을 받기 위해	3.78	1.01
땀과 물에 지워지지 않아서	3.65	1.05
매일 화장하기가 귀찮아서	3.63	1.12
화장을 잘하지 못해서	3.03	1.25
화장품에 알레르기가 있어서	2.11	1.14

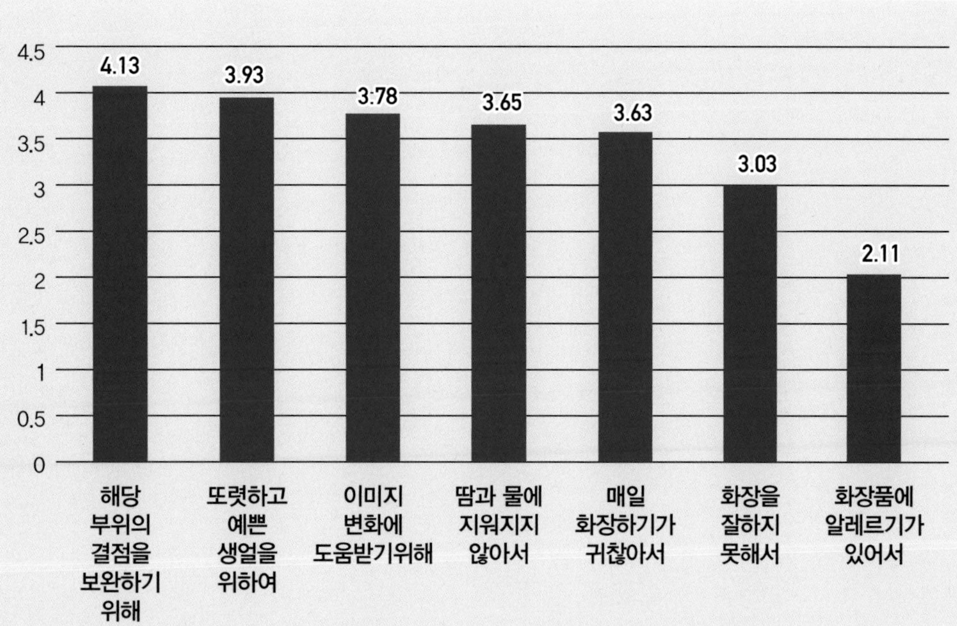

3. 반영구 화장의 시술부위

구 분		빈도(명)	백분율(%)
반영구 화장 시술부위	눈 썹	140	65.4
	아이라인	59	27.6
	입 술	8	3.7
	헤어라인	4	1.9
	미인점	3	1.4
반영구 화장 시술부위의 효과성 인식	눈 썹	135	63.1
	아이라인	58	27.1
	입 술	14	6.5
	헤어라인	4	1.9
	미인점	3	1.4
합 계		214	100.0

➔ 효과적인 반영구 화장의 시술부위에 대해서는 '눈썹'과 '아이라인'이 효과적이라는 의견이 압도적으로 높게 나타나고 있다.

Part 02

반영구 화장의 기초

Chapter

01 눈썹

개인의 이미지를 변화시키기 위한 방법으로 가장 쉽고 간단한 방법이 바로 눈썹모양을 바꾸는 것이다. 눈썹은 그 선의 모양에 따라 똑같은 이목구비를 가진 사람이더라도 다양한 이미지로 변신이 가능하며, 색과 숱의 양에 따라서도 다양하게 이미지가 바뀔 수 있다. 이렇게 눈썹은 얼굴의 전체적인 느낌과 균형을 결정짓는 중요한 부위이다.
Chapter 01에서는 기본적인 눈썹의 형태에는 어떤 것들이 있는지 알아보고 얼굴의 균형에 맞는 눈썹을 그리는 방법에 대하여 알아보도록 한다.

1. 눈썹의 구조

눈썹은 얼굴과 관련된 반영구 화장의 부위 중 디자인의 폭이 가장 넓으며, 시술자의 실력을 가늠하는 척도가 되기도 한다.

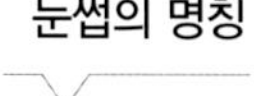

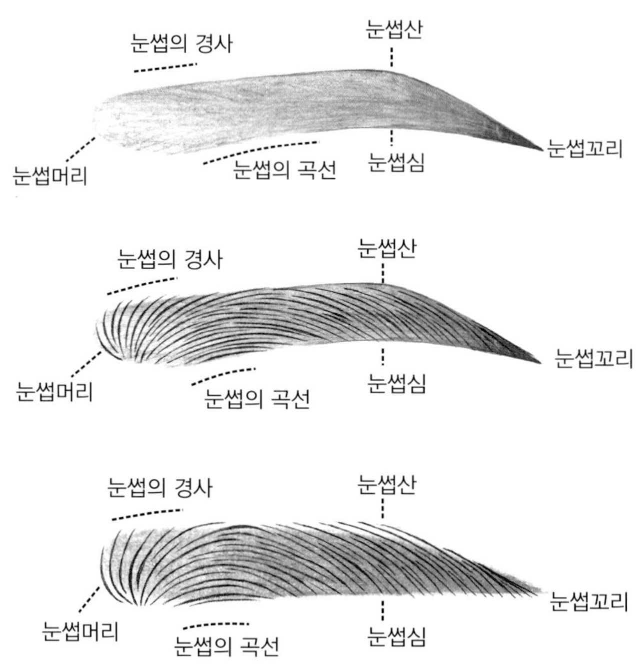

2. 다양한 눈썹의 형태

① 기본형 눈썹

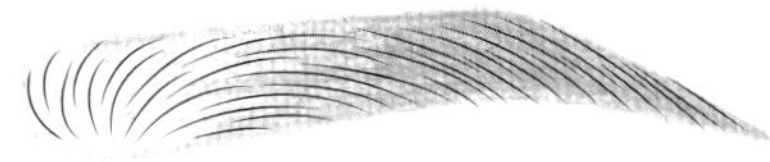

표준형 눈썹으로 부담없이 편한 느낌이므로 어떤 얼굴형에나 무난하게 잘 어울린다.

② 일자형(직선) 눈썹

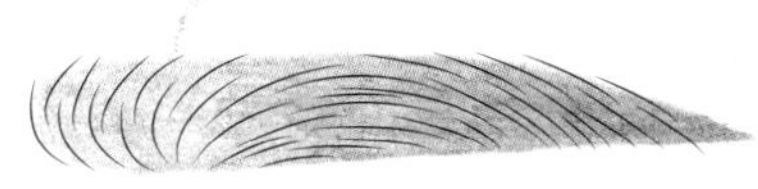

남성적인 느낌으로 활동적인 느낌을 주며, 긴 얼굴형이나 폭이 좁은 얼굴형에 어울린다.

③ 아치형 눈썹

시원한 느낌으로 다소 날카롭고 고전적인 이미지로 얼굴이 길어 보이는 효과가 있다.

④ 둥근형(곡선) 눈썹

여성적인 느낌을 주며, 각진 얼굴형과 역삼각형 얼굴에 잘 어울린다.

⑤ 상승형(올라간) 눈썹

도전적이며 날카롭고 남성적인 느낌에 시원함을 더해주어 둥근형 얼굴에 어울린다.

⑥ 각이 진 눈썹

단정하고 세련된 느낌을 주며, 둥근형의 얼굴에 잘 어울린다.

⑦ 남자 눈썹

남자눈썹은 일반적으로 단정하고 깔끔한 느낌의 나뭇잎 모양 눈썹을 가장 많이 시술한다.

남자 – 나뭇잎 모양 눈썹 시술의 전후 사진

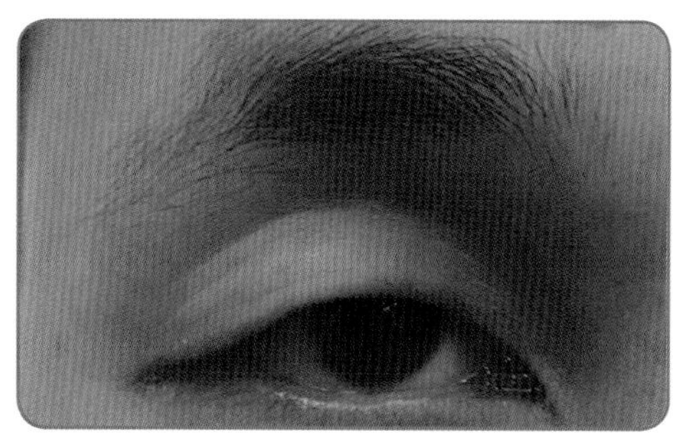

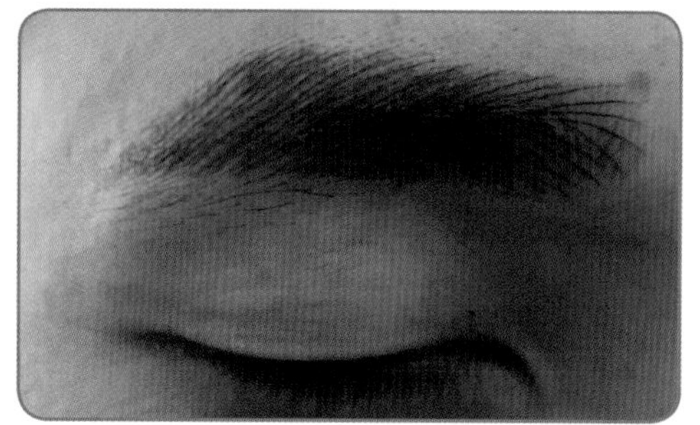

이외에도 많은 변형 눈썹이 있다. 잡지책의 연예인, 모델들의 눈썹을 참고하면 변형 눈썹을 이해하고 스케치하는데 많은 도움이 된다.

A.D.V.I.C.E

이상적인 눈썹의 특징

- 눈썹모의 자라는 방향이 규칙적이며, 털의 분포가 같아야 한다.
- 눈썹의 색상은 모발과 피부색에 어울려야 하며, 양쪽 눈썹이 같은 형태이다.
- 눈썹의 2/3 지점에서 눈썹산이 형성되어야 한다.
- 눈썹꼬리는 점점 가늘어진다.
- 눈썹심은 눈썹산의 바로 반대 방향에 위치해야 한다.

3. 얼굴의 균형과 눈썹의 조화

적절한 눈썹길이는 입의 가장자리와 콧방울 가장자리를 사선을 그리듯 연결하여 그 끝부분에 눈썹 끝이 오면 된다.

황금비율 : 가로3, 세로5

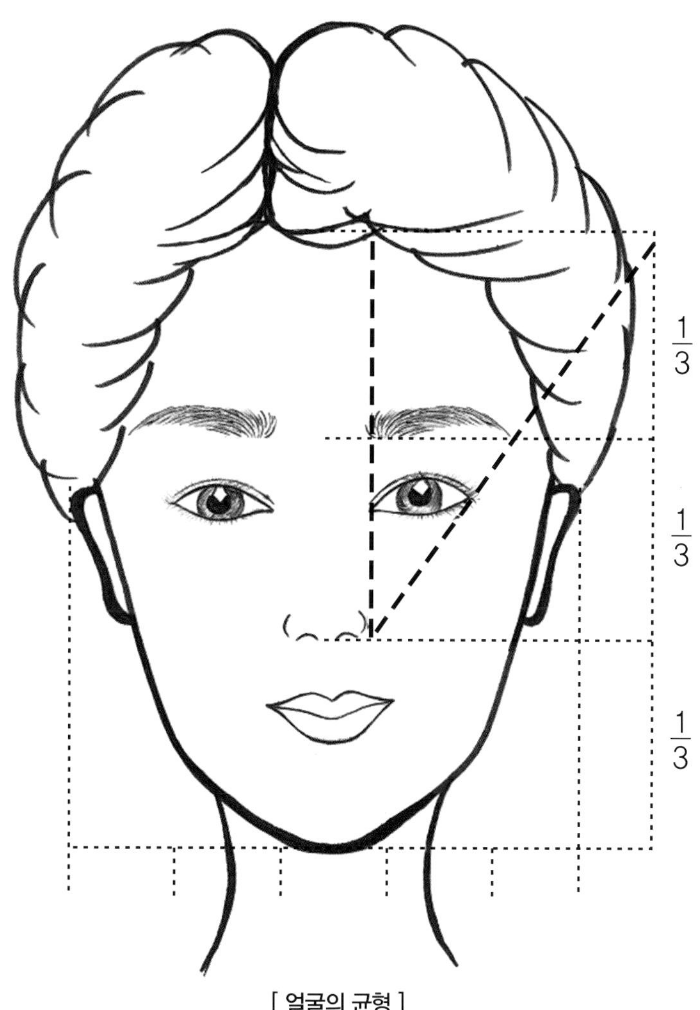

[얼굴의 균형]

얼굴의 가로분할(3등분)

- 헤드라인~눈썹라인까지
- 눈썹라인~콧방울까지
- 콧방울~턱선까지

얼굴의 세로분할(5등분)

- 오른쪽 헤어라인~오른쪽 눈꼬리까지
- 오른쪽 눈꼬리~오른쪽 눈머리까지
- 오른쪽 눈머리~왼쪽 눈머리까지
- 왼쪽 눈머리~왼쪽 눈꼬리까지
- 왼쪽 눈꼬리~왼쪽 헤어라인까지

4. 얼굴 균형에 맞는 눈썹그리기

(1) 눈썹 앞머리

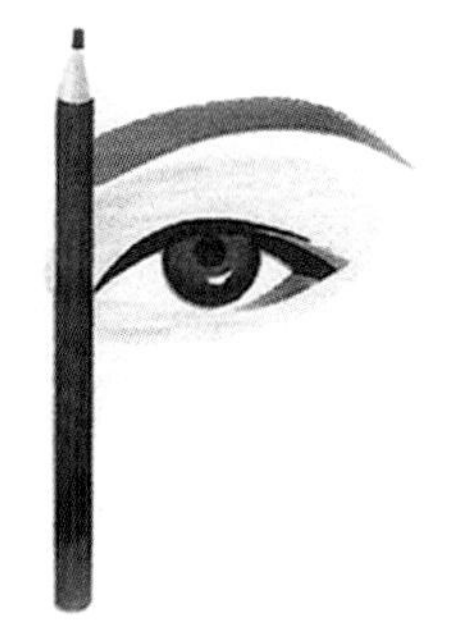

콧방울을 지나 위로 일직선이 되는 지점에서 눈썹 앞머리가 시작되도록 한다.

(2) 눈썹 뒷머리

눈동자의 바깥쪽이나 눈의 흰자 끝의 가장 윗부분을 기준으로 위로 일직선이 되는 지점이 눈썹산의 기준이 된다.

(3) 눈썹 꼬리

눈썹의 가장 뒷부분인 꼬리는 입술의 인중선에서 콧방울을 지나 45도로 기울인 눈 흰자 끝을 거쳐서 끝나는 지점이다.

(4) 눈썹 길이

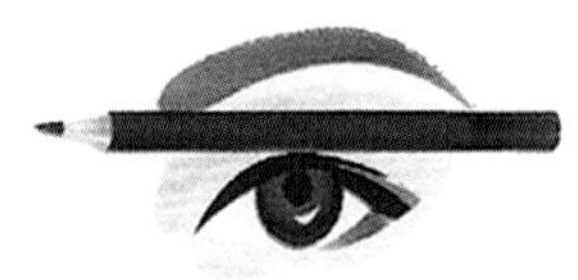

눈썹의 총 가로길이는 눈길이보다 짧지 않아야 한다. 또한 눈썹꼬리는 눈썹 앞머리보다 아래에 내려오면 안 되며, 일직선상에 있는 것이 가장 이상적인 눈썹이다.

5. 눈썹 드로잉 실무

(1) 콤 보

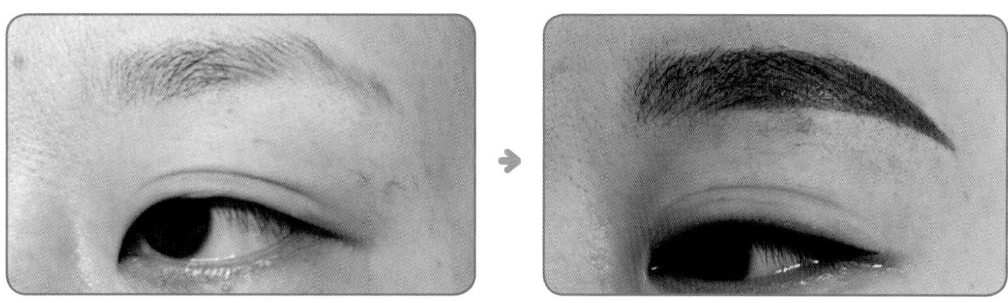

(2) 엠 보

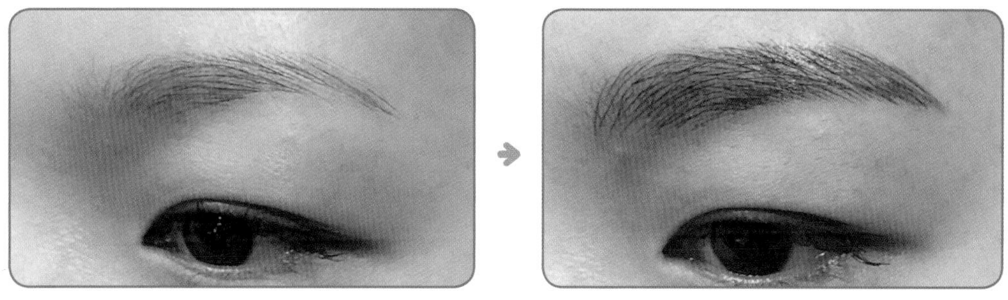

(3) 그라데이션

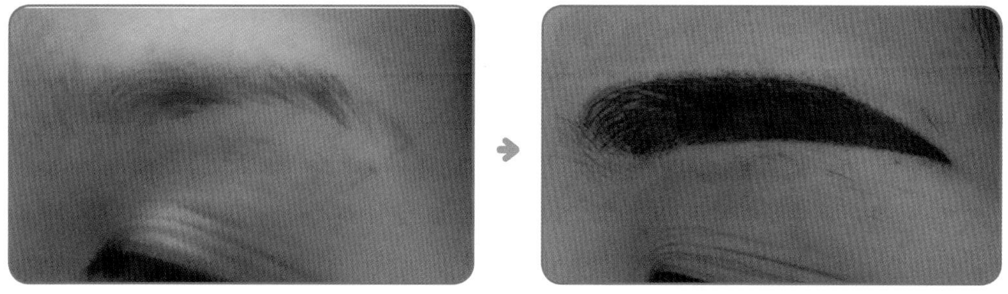

6. 잘못된 눈썹의 시술사례

(1) 붉은 색상으로 변함

- 원인 : 브라운 색상을 사용했을 때 색상이 붉게 나타날 수 있다.
- 대책 : 고객의 피부타입과 피부톤을 고려하여 브라운 계열의 과다 사용을 자제한다.

(2) 불완전한 착색

• 원인 : 고객의 피부층이 얇아 피가 많이 나는 경우나 모공이 넓은 지루성 피부일 경우 흡착력이 현저히 떨어진다.
• 대책 : 시술 전 불균형한 표피층 정리를 한다. 충분한 각질제거와 진한 색상의 색소를 피하며, 시술 후 텐션을 통해 색소를 바르고 5분 정도 기다린 후 마무리한다.

(3) 어색한 눈썹 디자인

• 원인 : 시술자의 노련미 부족이나 고객의 얼굴이 심한 비대층일 때 어색한 눈썹으로 표현될 수 있다.
• 대책 : 눈썹이 난 방향을 살펴 얼굴 형태에 맞는 디자인을 설정해야 한다.

(4) 시술 후의 수포발생

• 원인 : 시술 전부터 피부 속에 염증이 있었거나 시술 후 사후관리가 비위생적이어서 2차 감염으로 이어졌을 경우 수포가 발생할 수 있다.
• 대책 : 재생제품을 꾸준히 바른다.

(5) 눈썹색이 과하게 짙음

• 원인 : 니들의 깊이가 너무 깊게 침투되었거나 고객의 피부톤, 모발톤을 고려하지 않고 색소를 배합한 경우에 발생할 수 있다.
• 대책 : 시술 직후 표피층에 착색된 색소를 제거하고 중화색으로 중화시킨다.

잘못된 눈썹의 시술사례

Chapter

02 아이라인

아이라인은 눈동자의 위아래 속눈썹이 있는 부위를 따라 촘촘히 선을 그려 넣는 시술로 눈매를 선명하게 보이게 하는 효과가 있다. Chapter 02에서는 기본적인 아이라인 디자인과 함께 다양한 눈매에 따른 아이라인 디자인에 대하여 알아보자.

1. 기본 아이라인

(1) 기본 꼬리

기본 아이라인을 1㎜ 두께로 시술한 후, 끝부분을 2㎜정도 띄운 선에서 90도 각도로 윗선과 자연스럽게 만나게 한다.

(2) 올라간 꼬리

기본 아이라인을 1㎜ 두께로 시술한 후, 꼬리부분을 45도 각도로 더 올린 후 윗선과 자연스럽게 연결한다.

(3) 내려간 꼬리

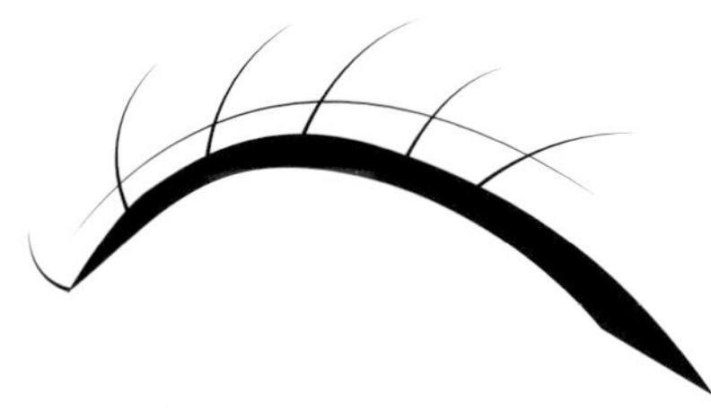

기본 아이라인을 1㎜ 두께로 시술한 후, 꼬리부분에서 45도 각도를 내린 후 윗선과 자연스럽게 연결한다.

2. 눈매에 따른 아이라인

(1) 앞과 뒤 모두 넓은 눈

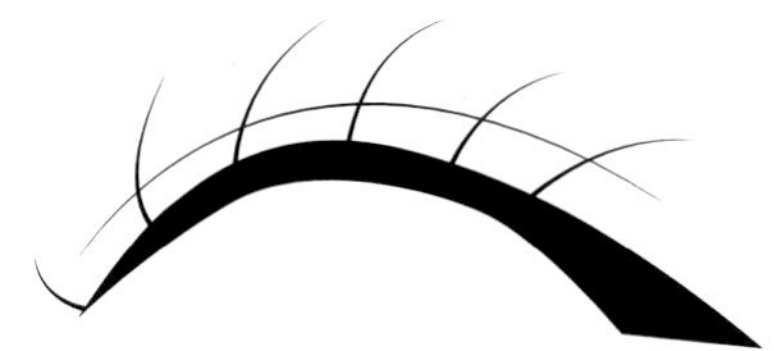

기본 아이라인으로 하되, 뒤쪽을 살짝 두껍게 라인을 그린다.

(2) 앞이 넓고 뒤가 덮이는 눈

앞쪽은 조금 두껍게 그리면서 끝으로 갈수록 얇게 라인을 만들어 준다.

(3) 가운데가 넓은 쌍꺼풀

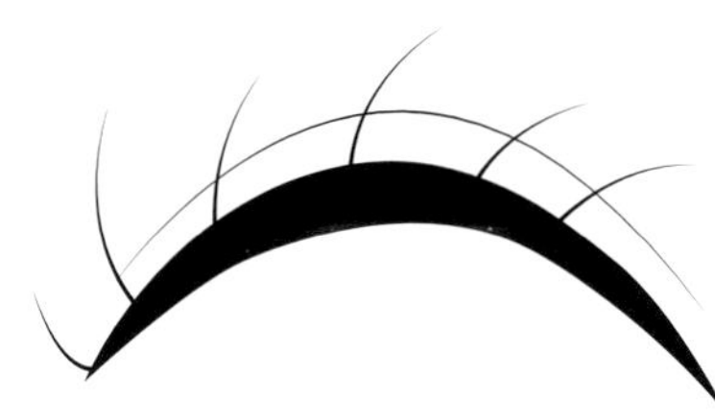

앞쪽과 뒤쪽은 가늘게, 가운데는 조금 두껍게 라인을 만들어 준다.

(4) 기본적인 쌍꺼풀

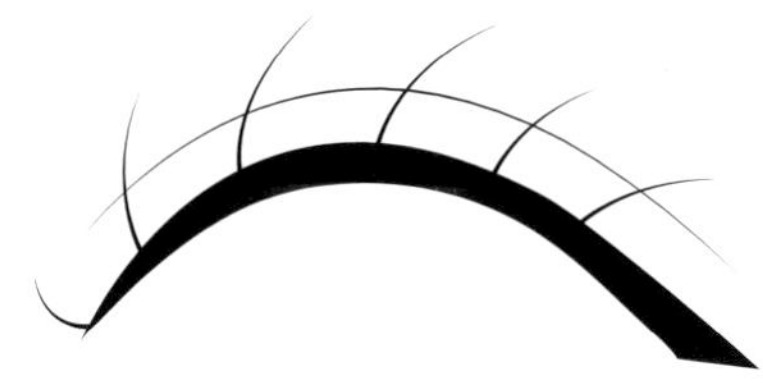

기본 아이라인으로 라인을 그린다.

3. 그 외의 다양한 아이라인

(1) 눈과 눈 사이가 좁은(가까운) 경우

눈의 머리쪽은 얇은 선으로 표현하고 눈의 꼬리선을 2.5배 가량의 두께로 하여, 시술라인의 포인트를 눈의 끝에 주어 양끝으로 넓어진 시각효과를 준다.

(2) 눈과 눈 사이의 거리가 먼 경우

라인의 포인트를 눈의 머리쪽으로 오게 시술하되, 라인이 눈의 안쪽으로 너무 들어가지 않도록 하며, 눈꼬리 쪽 라인을 밖으로 빼지 않고 눈에 맞추어 마무리한다.

(3) 쌍꺼풀 수술을 한 경우

수술로 인해 눈의 크기는 커졌으나, 눈꺼풀이 위로 들려 점막 부위의 흰 부분이 많이 보이게 된다. 이 경우 눈썹 부위는 물론 점막 부분을 조금 채워 눈동자와 라인의 연결로 또렷하게 눈의 라인을 잡는다.

(4) 눈꼬리가 올라간 경우

눈꼬리 쪽 라인을 밖으로 빼지 않고 눈에 맞추어 내려서 그려준다.

(5) 눈꼬리가 처진 경우

눈 앞부분을 얇게 연결하며 눈꼬리 라인을 살짝 올려 그려준다.

4. 아이라인 디자인 실무

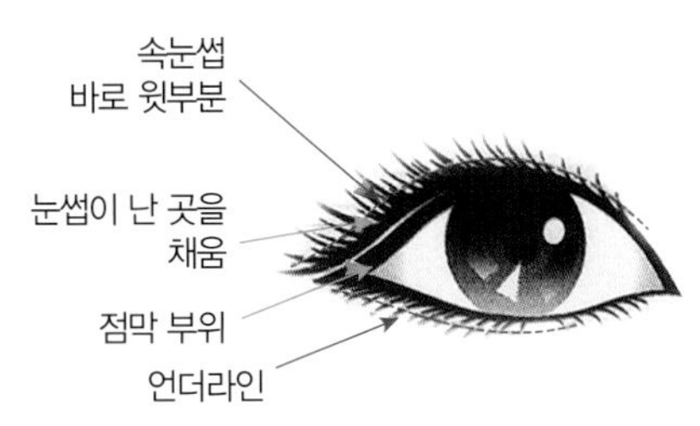

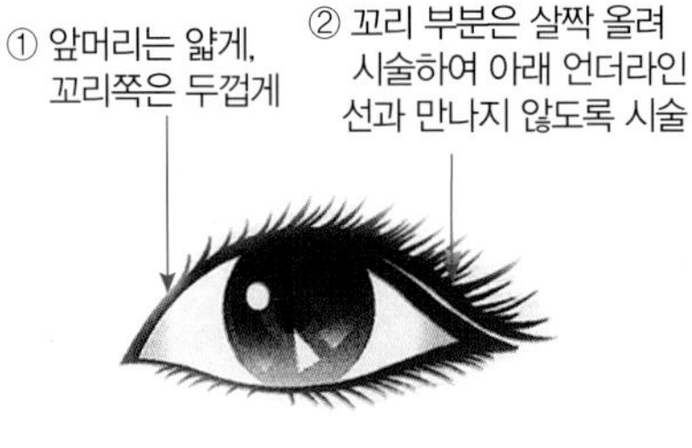

(1) 아이라인 사용 니들

- 가는 라인 : 1, 2, 3 라운드
- 굵은 라인 : 3, 5 라운드 이상

(2) 아이라인 시술 기법

- 직선기법 : 직선으로 두께를 조절하면서 시술한다.

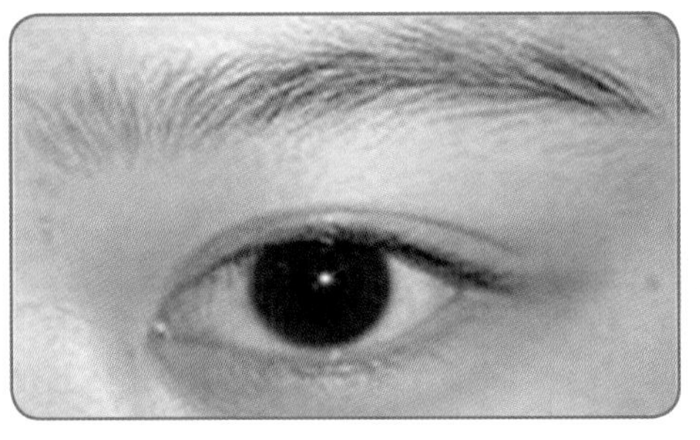

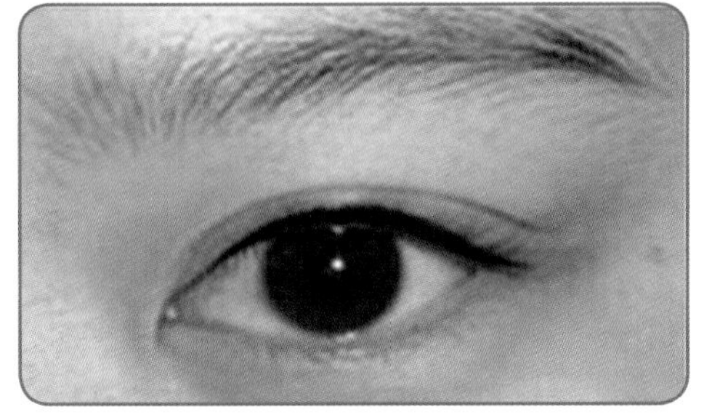

- 임플란트 기법 : 머신으로 점을 찍듯이 시술한다.

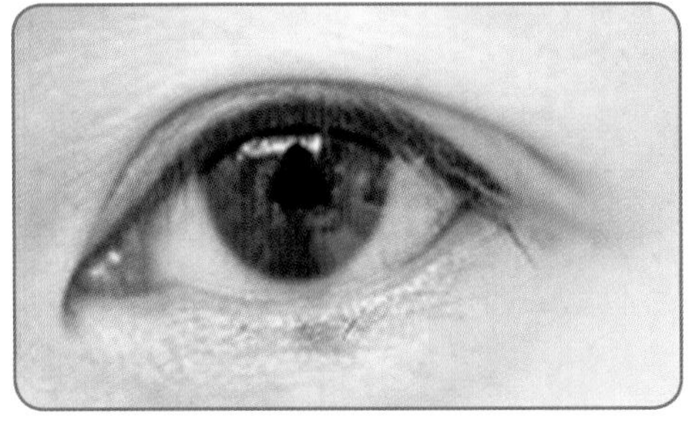

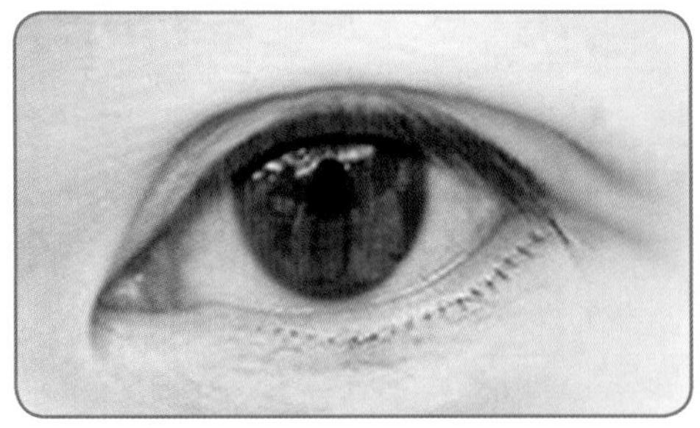

(3) 아이라인 색소

- 검정색 계열 : 선명하고 또렷한 눈동자를 나타낼 때 쓰인다. 가장 무난하고 대중적으로 사용된다.
- 브라운 계열 : 인상이 강한 눈을 표현하고자 할 때 사용된다.

• 푸른색을 함유한 색소를 사용할 때에는 오렌지 또는 스트로우베리를 첨가한다. 오렌지 계열은 푸른색을 보색으로 색을 중화시키기 때문에 아이라인, 입술, 눈썹 등의 전 시술과정에 적용된다.

5. 잘못된 아이라인 시술법

① 머신을 90도로 잡지 않으면 피부에 영구적인 손상을 남길 수 있다.
② 색소는 바늘 각도의 방향대로 흐르기 때문에 머신을 정확히 잡지 않으면 피부에서 번져 나올 수 있다.
③ 색소가 속눈썹 뿌리라인의 가장자리로 흘러 들어갈 수 있으며, 시술시 피부와 90도가 아닌 다른 각도로 시술하면 색소가 혈관으로 흘러 들어가서 색상이 분산될 수 있다.

6. 아이라인 시술단계

① 상담단계 : 고객과의 상담, 색소 선택, 시술 전 사진촬영
② 디자인 단계 : 고객의 눈 모양을 살피고 디자인 펜으로 미리 설정, 색소배합
③ 눈 보호단계 : 점안약, 식염수를 이용하여 안구 위로 보호막을 생성
④ 통증완화 단계 : 시술 위치에 안정제를 바르고 15~20분 유지
⑤ 시술단계 : 눈 모양에 따라 다양한 디자인과 라인 터치기법을 적용
⑥ 시술 마무리 단계 : 색소가 눈에 들어가지 않도록 잘 닦음
⑦ 정리단계 : 시술 후 사진촬영, 아이라인 시술 부위에 재생크림 도포

※ 눈꺼플은 신체에서 가장 얇은 조직으로 구성되어 있다. 과도한 테크닉은 출혈 및 붓는 현상이 생길 수 있으며, 색소의 번짐과 같은 문제가 발생할 수 있으므로 테크닉의 노하우가 필요하다.

A.D.V.I.C.E

Eye Line 시술시 추가 관리사항

• 물기가 닿지 않도록 주의하며 얼음찜질을 한다.
• 눈가 주변을 꾹꾹 눌러주며 마사지 하듯 시술한다.
• 잠잘 때 심장보다 머리 위치가 높게 오도록 베개를 약간 높게 한다.
• 마스카라나 아이섀도 등의 눈화장은 탈각이 될 때까지 피한다.
• 콘택트렌즈의 착용은 가능한 눈이 완전히 가라앉을 때까지 피한다.
• 눈에 이물감이 있을 때는 식염수나 인공눈물로 충분히 씻어낸다.
(식염수나 인공눈물은 반드시 새것을 사용한다)

Chapter

03 입술

입술에 색상을 부여하여 포인트 메이크업을 완성시켜 주고 혈색을 부여함으로써 여성미를 강조할 수 있다. 그러나 입술은 피부에서 가장 약한 부위 중 하나로서, 반영구 화장 시술 시에 가장 부작용이 발생하기 쉬운 부위이기 때문에 시술 전후로 각별한 관리가 필요하고, 시술 시에도 주의하여 시술을 해야 한다.
Chapter 03에서는 입술라인의 다양한 형태에 대하여 알아본 후 입술디자인에 따른 테크닉에 대하여 알아보도록 하자.

1. 입술 유형

(1) 윗입술의 형태

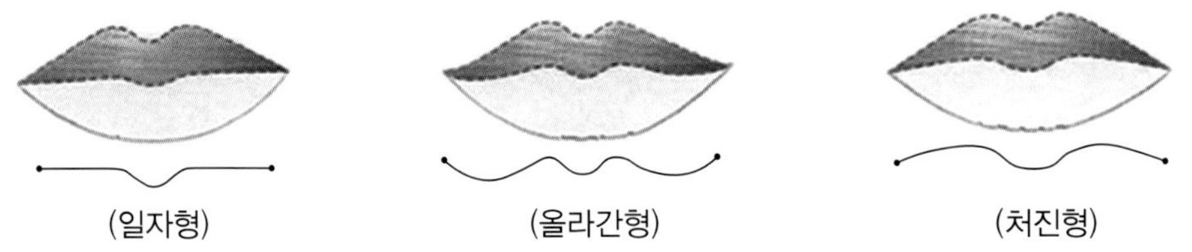

(2) 아랫입술의 형태

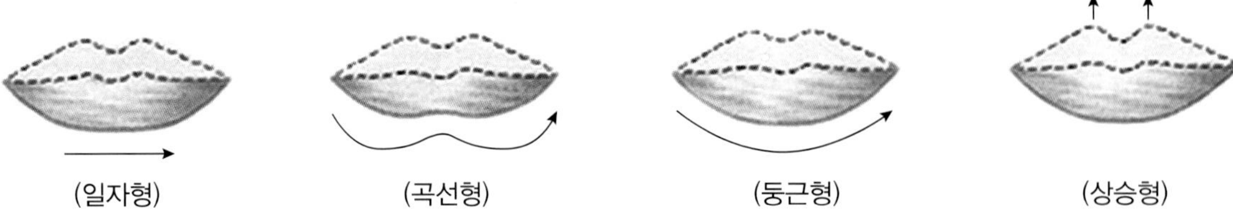

(3) 입술라인의 형태

① 직선형 입술

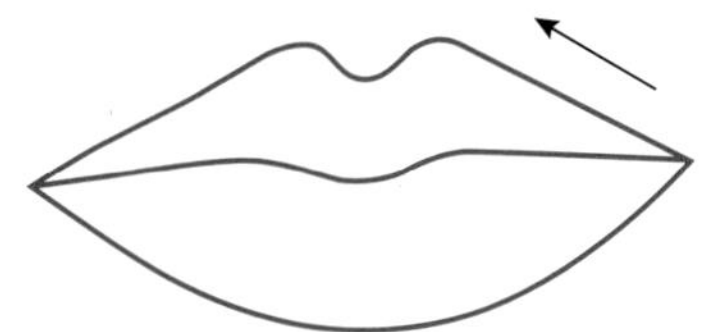

직선형의 입술은 세련된 느낌으로 다소 강해보이고 딱딱한 이미지를 주는 반면, 활동적인 느낌도 강하다.

② 볼륨형 입술

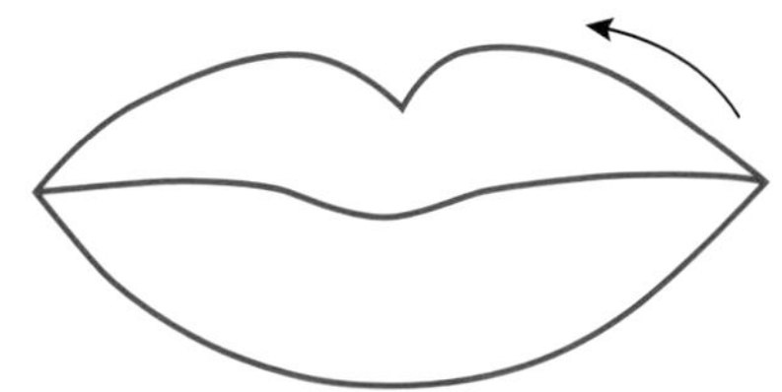

입술을 늘려서 그리는 테크닉이며, 성숙하고 섹시한 분위기를 연출한다. 입을 벌렸을 때 입술의 양모서리가 연결된 형태로 나타난다.

③ 단축형 입술

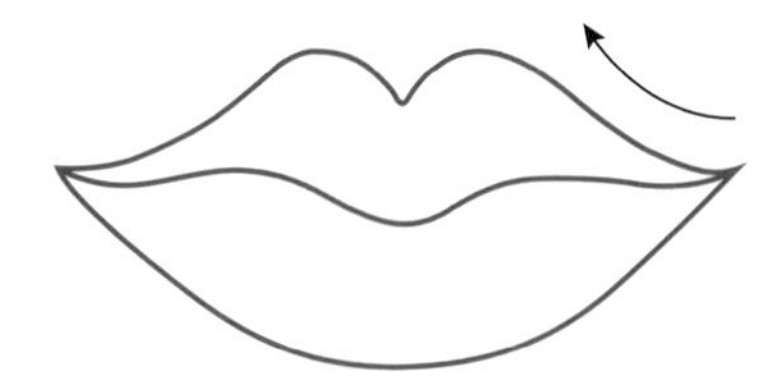

입술을 줄여서 그리는 테크닉이며 귀여움과 명랑한 느낌을 주고, 여성스럽고 부드러운 인상을 보인다.

2. 입술라인 터치 기법

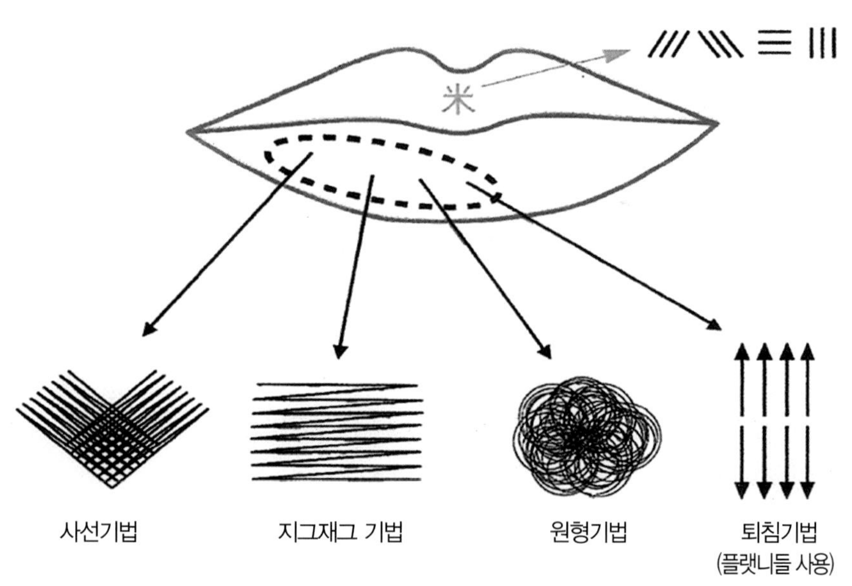

3. 입술 디자인 실무

입술라인의 길이는 정면에서 보았을 때 눈동자 안쪽에서 일직선으로 내려와 만나는 위치로 설정되었을 때 이상적이며, 윗입술과 아랫입술의 비율은 1:1.5이다.

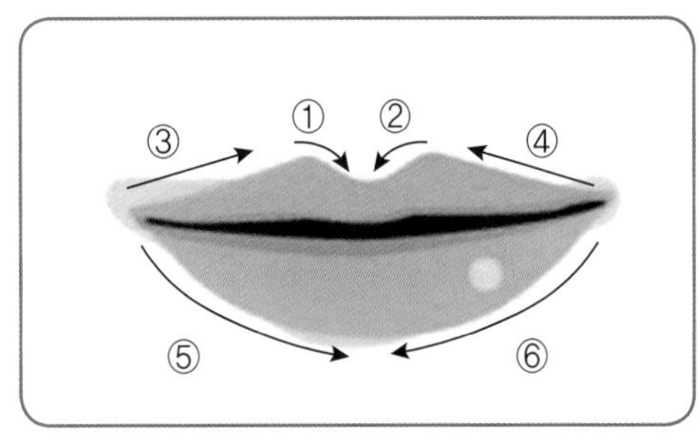

[입술 그리는 순서]

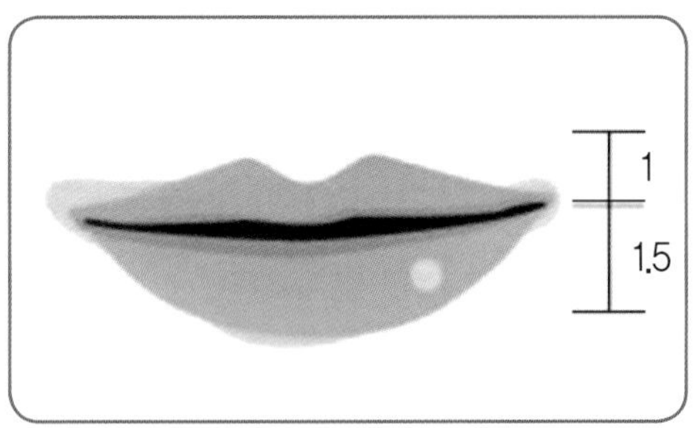

[입술의 비율]

입술은 눈썹처럼 비대칭인 모양을 가지고 있는 경우가 많아 시술 시에 균형을 잘 잡아야 한다. 또한 인커브, 아웃커브, 스트레이트형, 라운드형과 같이 시술대상자의 얼굴이미지에 맞게 조화로운 입술로 표현해야 한다.

(1) 인커브(In curve)

입술을 줄여서 그리는 테크닉으로 여성스러워 보이고 귀여워 보이며 부드러워 보인다.

(2) 스트레이트 커브(Straight curve)

입술라인을 직선적으로 표현하는 테크닉으로 강해보이고 딱딱해 보인다. 또한, 샤프하고 활동적이며, 이지적이고 세련된 분위기의 연출이 가능하다.

(3) 아웃커브(Out curve)

입술을 늘려 그리는 테크닉이며 성숙하고 섹시한 분위기를 연출한다. 입을 벌렸을 때 입술의 양모서리가 연결된 형태로 나타나며, 메이크업 분위기상 애교점이 동반되면 더 큰 효과를 얻을 수 있다. 아웃커브 입술 형태에 립글로스를 덧바르면 입술이 더욱 풍만해 보인다.

[인커브]

[스트레이트 커브]

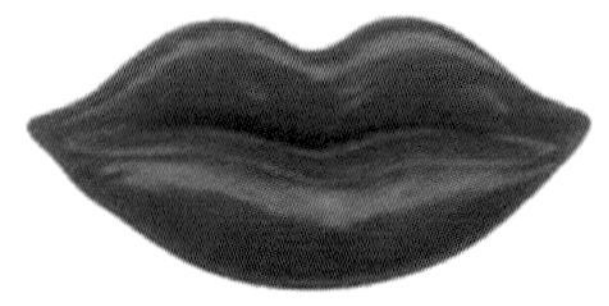

[아웃커브]

4. 입술 색상과 이미지

사람마다 각자가 어울리는 퍼스널 컬러를 가지고 있으므로, 그 사람의 분위기에 맞게 입술색상을 정하는 것이 매우 중요하다. 초기에는 주로 레드와 같은 붉은색을 사용하여 시술을 했으나 최근에는 다양한 색소가 출시되고 있다.

(1) 레드(Red)

레드는 정열적이고 매혹적인 컬러로서, 지적이고 엘레강스한 이미지를 연출할 수 있다. 피부색과 상관없이 모든 사람에게 무난하게 잘 어울린다.

(2) 핑크(Pink)

청순하고 귀여운 느낌의 밝고 연한 핑크에서 화려하고 여성스러운 진한 핑크에 이르기까지 핑크의 범위는 매우 넓다. 하얀 피부에는 깨끗한 이미지를 더욱 돋보이게 하고, 검은 피부에는 건강함이 강조된다. 젊고 어린 연령층에 적합하다.

(3) 오렌지(Orange)

발랄하고 활동적인 이미지의 색상으로 갈색피부에 잘 어울릴 수 있다.

(4) 브라운(Brown)

내추럴하면서도 도회적인 색감을 가진 브라운은 지적이고 성숙한 느낌을 풍긴다.

5. 입술 시술단계

① 상담단계 - 색소선택, 시술 전 사진촬영
② 디자인 단계- 각질제거 후 디자인
③ 통증완화 단계 - 안정제 도포 후 15~20분 정도 랩을 씌워 방치
④ 시술 준비단계 - 입술색소 선택 후 머신은 최소 2개 정도를 준비
⑤ 시술단계 - 립풀은 사선기법, 롤링기법, 퇴침기법, 지그재그 기법 사용
⑥ 시술 마무리 단계 - 시술 후 사진촬영, 재생크림을 도포

※ 입술의 수포방지를 위해 시술 1일 전과 시술 후 각질제거가 될 때까지 소염제 복용을 권유한다.

A.D.V.I.C.E

입술 시술시 추가관리 사항

- 입술 주위를 각별히 청결하게 유지한다.
- 얼음찜질을 한다(입술 위에 깨끗한 랩을 씌운 후 물기가 직접 닿지 않도록 한다).
- 탈각시까지 기름지고 고단백의 음식 섭취를 금한다(계란, 고등어, 육류 등).
- 맵고 짜고 뜨거운 자극성이 있는 음식물이 입술에 닿지 않도록 주의한다.
- 생선회 등 날음식을 금한다(바이러스 감염 우려).
- 3일 가량은 물도 빨대 등을 이용하여 섭취하고, 양치 시에 치약이나 물이 닿지 않게 한다.
  (치약, 비누 등의 화학첨가제가 색소의 변색 및 탈색을 유발한다)
- 음주와 흡연은 절대 삼간다.
- 처방된 항바이러스제를 반드시 복용한다.
- 뽀뽀와 같이 타인과의 피부 접촉을 금한다.
- 수건 등도 단독으로 사용한다.
- 자외선에 직접 노출되지 않도록 한다.
- 각질탈락 후에는 입술이 건조해지므로 크림 등을 사용하여 보습에 신경을 써야 한다.

페이스아트 메이크업 동의서

• 고객명		• 생년월일		• 상담일자	
• 주 소				• 전화번호	
• E-mail		• 혈액형		• 생리주기	
• 피부타입					
□ 지성	□ 건성	□ 복합성	□ 여드름	□ 민감성	
• 상담을 원하는 메이크업 부위					
□ 눈 썹	□ 아이라인	□ 입 술	□ 헤어 라인	□ 유 륜	
• 페이스 아트 시술시 주의해야 할 고객					
□ 관절염	□ 류마티스	□ 고혈압	□ 당뇨병	□ 켈로이드 피부	□ 심장질환
• 페이스 아트 시술을 하면 안 되는 고객					
□ 피부암 환자	□ 백혈병 환자	□ 혈우병 환자	□ 간질병 환자	□ 바이러스 환자	

상기 내용을 인지하고 메이크업 아티스트와 정확한 상담을 하였으며 위 메이크업시술에 동의합니다.

20 . . .　　성 명 :　　(인)

페이스아트 Make-up 고객차트

이 름	
생년월일	년 월 일 (양. 음)
주 소	
전화번호	
E-Mail	
소개하신 분	
질병여부	
전 시술여부	
시술날짜 & 참고	속눈썹 / 아이라인 반영구 / 눈썹 반영구 / 입술 반영구 / 헤어라인 반영구 / 기타

〈시술 전 사진〉	〈시술 후 사진〉

통계로 보는 다양한 반영구 화장

박건희, 2013, "반영구 화장의 시술실태에 관한 연구", 석사학위논문, 중앙대학교 대학원

1. 반영구 화장 시술시간

반영구 화장의 시술시 실제 시술 1회당 소요시간과 시술대상자들이 인지하고 있는 적당한 시술시간에 대한 결과는 다음과 같다.

구 분		빈도(명)	백분율(%)
실제 시술시의 소요시간	30분 미만	27	12.6
	30분~1시간 미만	127	59.3
	1시간~1시간 30분 미만	46	21.5
	1시간 30분 이상	14	6.5
소비자가 인식하는 적당한 소요시간	30분 미만	40	18.7
	30분~1시간 미만	125	58.4
	1시간~1시간 30분 미만	48	22.4
	1시간 30분 이상	1	0.5
합 계		214	100.0

2. 반영구 화장 시술 만족도를 높이기 위한 고려요소

소비자들의 반영구 화장 시술 만족도를 높이기 위해서 고려해야 할 요소를 살펴본 결과, 많은 사람들이 "시술자의 전문성"을 가장 중요한 고려요소로 선택하였다. 이는 반영구 화장 특성상 시술받은 소비자들이 오랜 기간 동안 반영구 화장 시술결과에 영향을 받기 때문에 얼마나 효과적이면서 전문적으로 반영구 화장을 시술할 수 있는지, 그리고 전체적으로 내 얼굴과 조화를 이루는지 중요하게 고려하는 것을 알 수 있다.

구 분	빈도(명)	백분율(%)
시술 장소	2	0.9
시술 비용	13	6.1
시술 부위	7	3.3
시술자의 전문성	74	34.6
사용제품의 안정성	13	6.1
위생적인 시술환경	11	5.1
내 얼굴과의 조화	62	29.0

색상 및 스타일	11	5.1
시술 후의 부작용	16	7.5
시술 가격	5	2.3
합 계	214	100.0

3. 반영구 화장의 시술비용

반영구 화장 시술을 1회 받을 때마다 대체로 어느 정도의 비용을 지불했는 지와 시술비용에 대한 만족도 및 소비자들이 인지하고 있는 적당한 시술비용에 대한 결과는 다음과 같다.

구 분		빈도(명)	백분율(%)
반영구 화장 시술의 1회 지출비용	5만원 미만	13	6.1
	5~10만원 미만	71	33.2
	10~15만원 미만	77	36.0
	15~20만원 미만	25	11.7
	20~30만원 미만	15	7.0
	30만원 이상	13	6.1
반영구 화장 시술의 비용 만족도	너무 비싸다	12	5.6
	비싸다	76	35.5
	적당하다	115	53.7
	저렴하다	9	4.2
	아주 저렴하다	2	0.9
적당한 반영구 화장 시술의 1회 비용	5만원 미만	40	18.7
	5~10만원 미만	93	43.5
	10~15만원 미만	64	29.9
	15~20만원 미만	8	3.7
	20만원 이상	9	4.2
합 계		214	100.0

Part 03

좋은 관상으로 바꾸는 반영구 화장

01 / 얼굴형에 맞는 눈썹과 관상학적 의미

02 / 눈매에 맞는 아이라인과 관상학적 의미

Chapter 01 얼굴형에 맞는 눈썹과 관상학적 의미

얼굴형에는 그에 맞는 이목구비가 있다. 따라서 시술 시에 얼굴형과 눈, 코, 입의 균형에 맞도록 눈썹 디자인을 하는 것이 매우 중요하다. 눈썹의 길이와 두께는 얼굴 크기와 형태에 따라 달라지기 마련이다.
Chapter 01에서는 관상학적으로 좋은 눈썹과 좋지 않은 눈썹의 의미에 대하여 알아본 후에 관상학적으로 좋은 눈썹을 가지기 위해 얼굴형에 따라 어울리는 눈썹의 시술방법에 대하여 알아보도록 하자.

1. 눈썹의 관상학적 의미

"사람을 이끄는 힘은 좋은 눈썹으로부터 나온다!!"

시대와 유행에 따라 눈썹의 모양은 다양하게 변하기 때문에 여성들은 화장, 염색, 문신, 퍼머 등으로 눈썹을 관리하고 있다. 하지만 잘못 시술한 문신이나 퍼머넌트 메이크업은 눈썹을 상하게 할 뿐만 아니라 현재 운기의 흐름에도 영향을 미칠 수 있기 때문에 신중히 생각해야 한다. 관상학적으로 눈썹은 생체 에너지의 기화가 나타나는 부위로 매우 중요하다.

또한 눈썹은 교감 · 부교감 신경계와 연계되어 있어 우리의 건강을 자율적으로 관리하는 역할을 담당하고 있으므로, 나에게 어울리는 눈썹의 선택은 건강이나 운기의 흐름을 더 이롭게 할 수 있다.

(1) 관상에서 눈썹의 의미

① 눈썹 길이

눈썹은 마치 '집의 지붕'과 같은 역할을 하므로, 지붕이 짧아 집을 제대로 덮지 못하면 비바람을 제대로 막지 못하게 되는 형국이라 풍파가 많다고 한다.

② 눈썹의 숱

여자의 경우, 눈썹이 극히 없는 여자들은 남편과 자식 복이 없고 재운이 부족해서 삶이 고단하다고 전해지고 있다. 따라서 과거 관상법에서는 눈썹이 없으면 검은 숯검정이로 눈썹을 그리라고 하였다.

③ 눈썹의 청결함

눈썹이 길고 깨끗한 사람은 좋은 배우자를 만날 수 있고, 눈썹이 짧고 거칠며 지저분한 사람은 그만큼 삶의 풍파가 많다고 할 수 있다.

④ 눈썹의 모양

- 눈썹이 곧고 단정하며 초승달처럼 가지런하여 예쁜 사람은 형제간의 우애가 좋고, 사람을 살갑게 잘 챙긴다. 감수성이 풍부하여 예술 방면의 능력과 글재주 또한 좋다고 한다.
- 눈썹이 가지런하지 않고 산란하며, 숱이 너무 적고 거칠고 지저분해서 보기 흉하면, 형제의 인연이 박할뿐만 아니라 참을성도 없고 융통성도 없다. 또한 이해심도 부족해서 형제를 포함한 주변과 구설수에 휘말리고, 따르는 사람도 없어 외롭다고 한다.
- 눈썹머리가 짐승이 화났을 때 털이 서는 것처럼 거슬러 난 사람은 자기만을 생각하고 쉽게 화를 내는 경우가 많다. 따라서 형제나 대인관계에서도 자신의 주장과 자기 일신만을 내세우며, 형제간의 우애나 타인에 대한 배려가 없어 적을 많이 만들어 인덕이 없으며, 부하를 두더라도 심복을 두지 못할 가능성이 높아 삶이 고달프다고 한다.
- 양쪽 눈썹 모양이 다른 경우와 눈썹 끝이 갈라진 경우는 이복형제를 둘 가능성이 높고, 눈썹이 중간에 끊어지면 형제간 이별이나 사별 등으로 떨어져 살게 될 가능성이 높다고 한다.

(2) 관상학적으로 좋은 눈썹

① 눈 위에 높게 위치하여 눈의 기운을 보호해야 한다.
② 눈보다 길고 너무 두껍지 않아야 한다.
③ 가지런하고 살빛이 은은히 보일 듯 너무 빡빡하지 않아야 한다.
④ 양 눈썹 사이는 손가락 두 개 정도가 들어갈 정도로 넓어 명당의 기운을 침해하지 않아야 한다.

(3) 관상학적으로 안 좋은 눈썹

① 누렇고 몹시 짧은 눈썹
② 흩어진 눈썹
③ 양 눈썹이 서로 붙은 눈썹
④ 눈썹이 눈 위에 가까이 위치하여 눈의 기운을 누르는 눈썹
⑤ 눈썹이 거꾸로 거슬러난 눈썹
⑥ 숱이 없는 눈썹

2. 다양한 눈썹의 관상학적 의미

(1) 위를 향한 두꺼운 눈썹

관상학적 관점

스테미너가 왕성하고 피로를 모른다. 매사 분명하고 확실한 성격이며, 결혼 후에 원만한 가정을 꾸린다.

미용적 관점

도전적이고 날카로운 남성적 느낌에 시원한 느낌으로써, 둥근형과 정방형 얼굴에 어울린다.

(2) 아래를 향한 눈썹

관상학적 관점

자신의 의견을 확실히 말하는 성격으로서, 자신의 의견이 받아질 때까지 노력하는 강한 성격의 소유자이다.

미용적 관점

눈꼬리가 처져있어 자칫 아둔해 보일 수 있으므로, 처진 꼬리부분을 제거한 후 아치형 눈썹으로 연출하는 것이 좋다.

(3) 짧은 눈썹

▮ 관상학적 관점

여성의 경우 내조하는 스타일이며, 남성의 경우 밖으로 드러나는 성격은 급하지만 내면은 부드러운 사람이다.

▮ 미용적 관점

눈썹으로 인해 얼굴윤곽이 살지 못하며 눈매 또한 또렷해 보이지 않을 수 있다. 짧은 눈썹의 경우 꼬리부분을 살려 그려주는 것이 좋다.

(4) 긴 눈썹

▮ 관상학적 관점

어른스럽고 보수적인 성격의 소유자로서 무엇인가를 연구하는 학자스타일이다.

▮ 미용적 관점

시원한 느낌으로 다소 날카롭고 고전적인 이미지가 나타나는 얼굴이다. 긴 눈썹의 경우 나이가 들어 보일 수 있다.

(5) 점 · 사마귀가 있는 눈썹

관상학적 관점

30세에 인생의 커다란 전환점이 생기며, 일에는 성공수가 있지만 가족들에게 도움을 받거나 혜택을 입을 일은 없다.

미용적 관점

점 또는 사마귀가 눈썹에 있을 경우 도드라져 보여 촌스러워 보일 수 있으므로, 커버업으로 최대한 가려주는 것이 좋다.

(6) 이어지지 않고 짤린 눈썹

관상학적 관점

직감력이 뛰어나고 아이디어의 발상이 뛰어나다. 하지만 인내력이 없어서 일을 끝까지 잘 해내지 못하는 편이다.

미용적 관점

자칫 지저분해 보일 수 있는 이미지가 연출이 될 수 있으므로 단정하게 그리는 것이 좋다.

(7) 짙은 눈썹

▮ 관상학적 관점
이성을 단지 '놀이상대'로 보지 않는 성실한 타입이다. 부모님을 돌보면서 어려운 일을 도맡아 해나가야 할 운명이다.

▮ 미용적 관점
단정하고 세련된 느낌을 주며 둥근형의 얼굴에 잘 어울린다. 숱만 정리를 해도 안정적으로 보일 수 있다.

(8) 좌우가 이어진 눈썹

▮ 관상학적 관점
결단력이 있고 강한 의지의 소유자이다. 사회적인 성취욕이 강하여 결혼 후에 가정에는 소홀하기 쉽다.

▮ 미용적 관점
촌스럽고 지저분해 보일 수 있으므로 필요 없는 부분의 눈썹은 정리를 하는 것이 좋다.

3. 얼굴형에 맞는 눈썹과 관상학적 의미

(1) 마름모형 얼굴 – 기본형 눈썹

◆ 마름모형 얼굴 – 기본형 눈썹

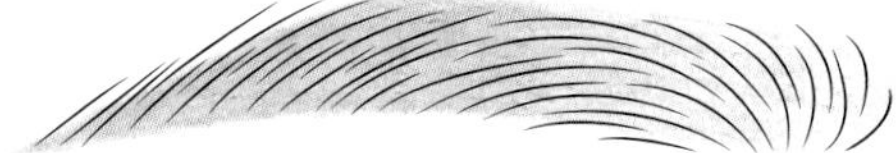
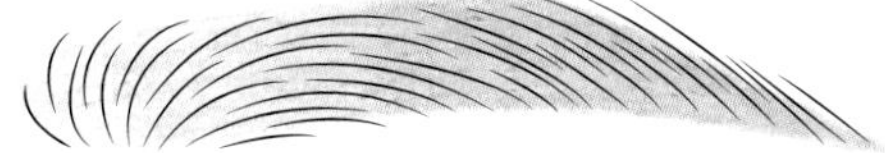

[마름모형 얼굴의 관상]

의지가 강하고 근면하며 마음이 독한 경향이 있다. 한 가지 일에 몰두하면 어지간한 장애나 남의 이목에 개의치 않고 계획대로 추진하는 고집이 있다. 초년에는 육친의 덕이 없고 일신이 고독하나, 중년부터는 자수성가하여 안락한 생활을 누린다.

[마름모형 얼굴의 눈썹]

마름모 얼굴형을 가지고 있는 사람에게 가장 잘 어울리는 눈썹 모양은 **"기본형 눈썹"**이다. 각이 진 눈썹은 얼굴을 더 넓어 보이게 하므로 기본형 눈썹으로 디자인 한다. 기본형 눈썹은 표준형 눈썹으로서 부담 없이 편한 느낌으로 어느 얼굴형에나 무난하게 잘 어울린다.

[시술방법]

- 그라데이션 기법으로 디자인한 눈썹을 전체적으로 드로잉하여 피부색과 피부타입을 잘 고려하여 알맞은 컬러를 선택한 후 자연스럽게 착색시킨다.
- 눈썹 앞부분은 각 개인의 눈썹결을 살려 10가닥 정도를 같이 흡수시켜 90도 각도로 시술한 후 나머지 부분부터는 70도 각도로 살짝 대각선으로 시술하고, 중간부터 끝부분까지는 짙은 느낌으로 시술하되 90도 각도를 유지해야 한다. 90도 각도 시술은 시술 후 피부 안에서 색소 퍼짐과 변색을 예방할 수 있는 각도이기 때문에 각질 탈락이 많이 된다 하여도 안전하게 시술을 마무리할 수 있다.

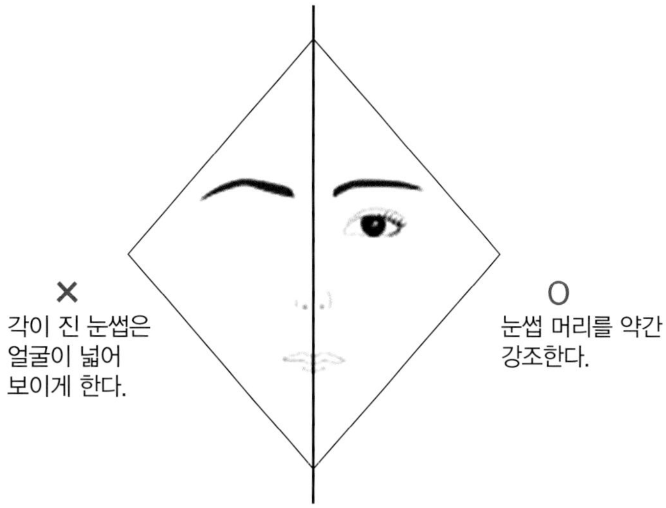

⑵ 타원형 얼굴 – 일자형 눈썹

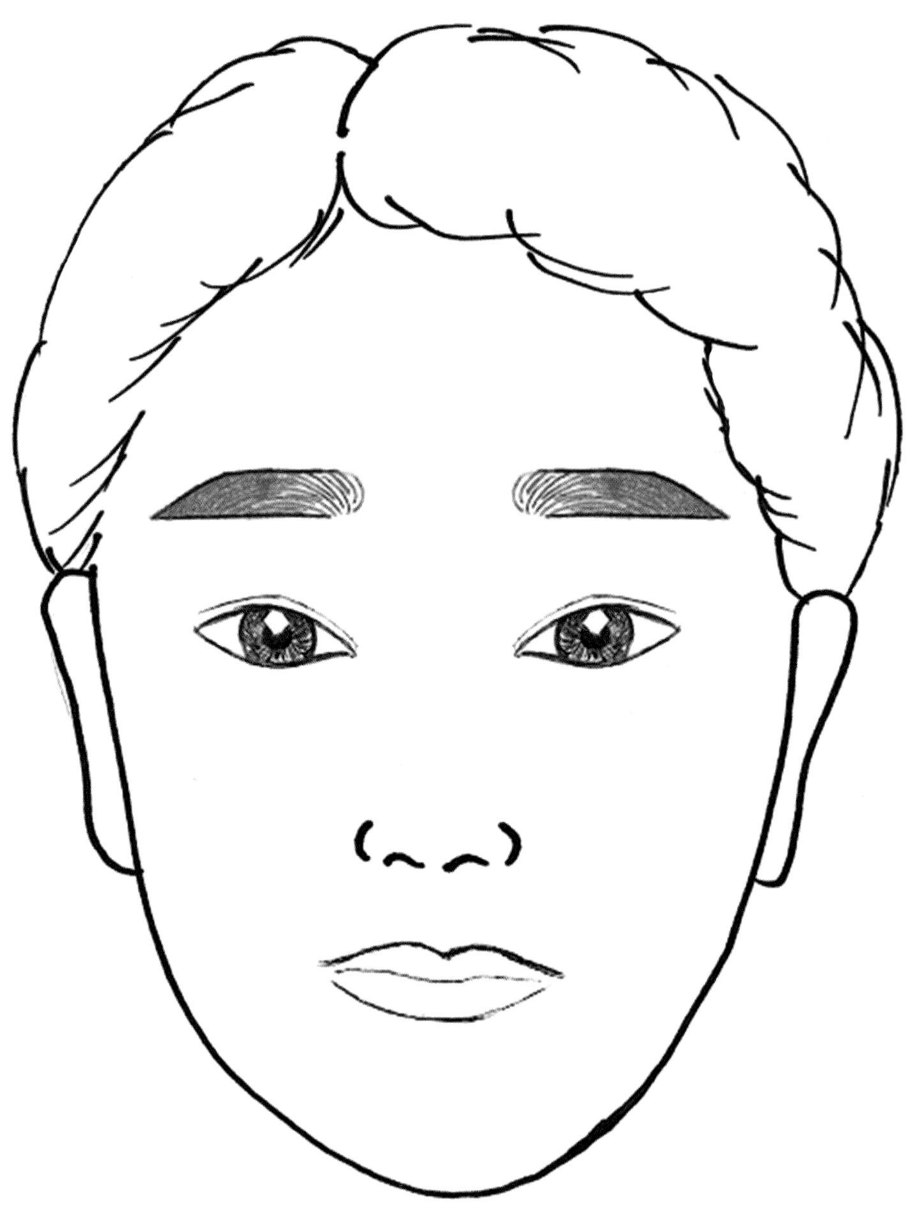

◆ 타원형 얼굴 – 일자형 눈썹

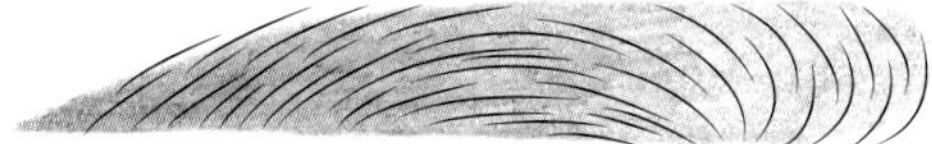
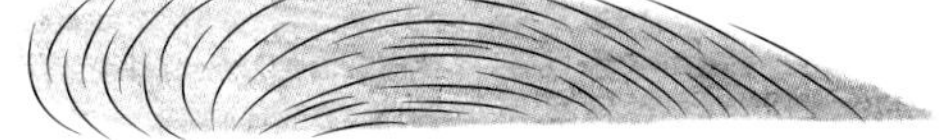

[타원형 얼굴의 관상]

감정이 예민하고 재치가 있으며 총명하다. 반면, 국량이 좁고 매우 신경질적이어서 대인관계가 쉽지 않아 노력을 해야 한다. 한 가지 일에 몰두하는 성격으로 꼼꼼한 일이나 주의력이 필요한 기술직이나 섬세한 작업들이 필요한 조각가 같은 예술 방면이 적합하다.

[타원형 얼굴의 눈썹]

타원형의 얼굴은 남성적인 느낌으로 활동적인 느낌이 있다. 올라가거나 처진 눈썹 모양은 긴 얼굴을 더 강조하게 되므로, 긴 얼굴형이나 폭이 좁은 얼굴에는 산이 많이 표현되지 않는 **"일자형 눈썹"**이 좋다.

[시술방법]

- 디자인 되어있는 일자모양의 눈썹 전체를 피부색과 피부타입을 잘 고려하여 살짝 착색시키고, 눈썹 앞부분은 각 개인의 눈썹 결을 최대한 살려서 살짝 짙은 느낌이 들도록 시술한다.
- 시술 각도는 전체를 90도로 하고, 컬러를 단독으로 짙은 컬러와 옅은 컬러 등 3가지 정도를 서로 교차시켜 시술하면서 자연스럽게 믹스된 느낌이 들도록 시술한다. 그래야 딱딱하지 않은 부드럽고 생동감 넘치는 일자형 눈썹이 자연스러워 보이기 때문이다.

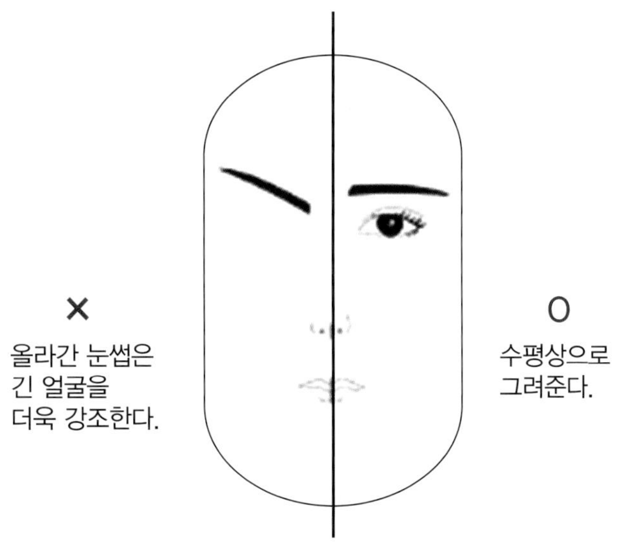

(3) 역삼각형 얼굴 – 둥근형 눈썹

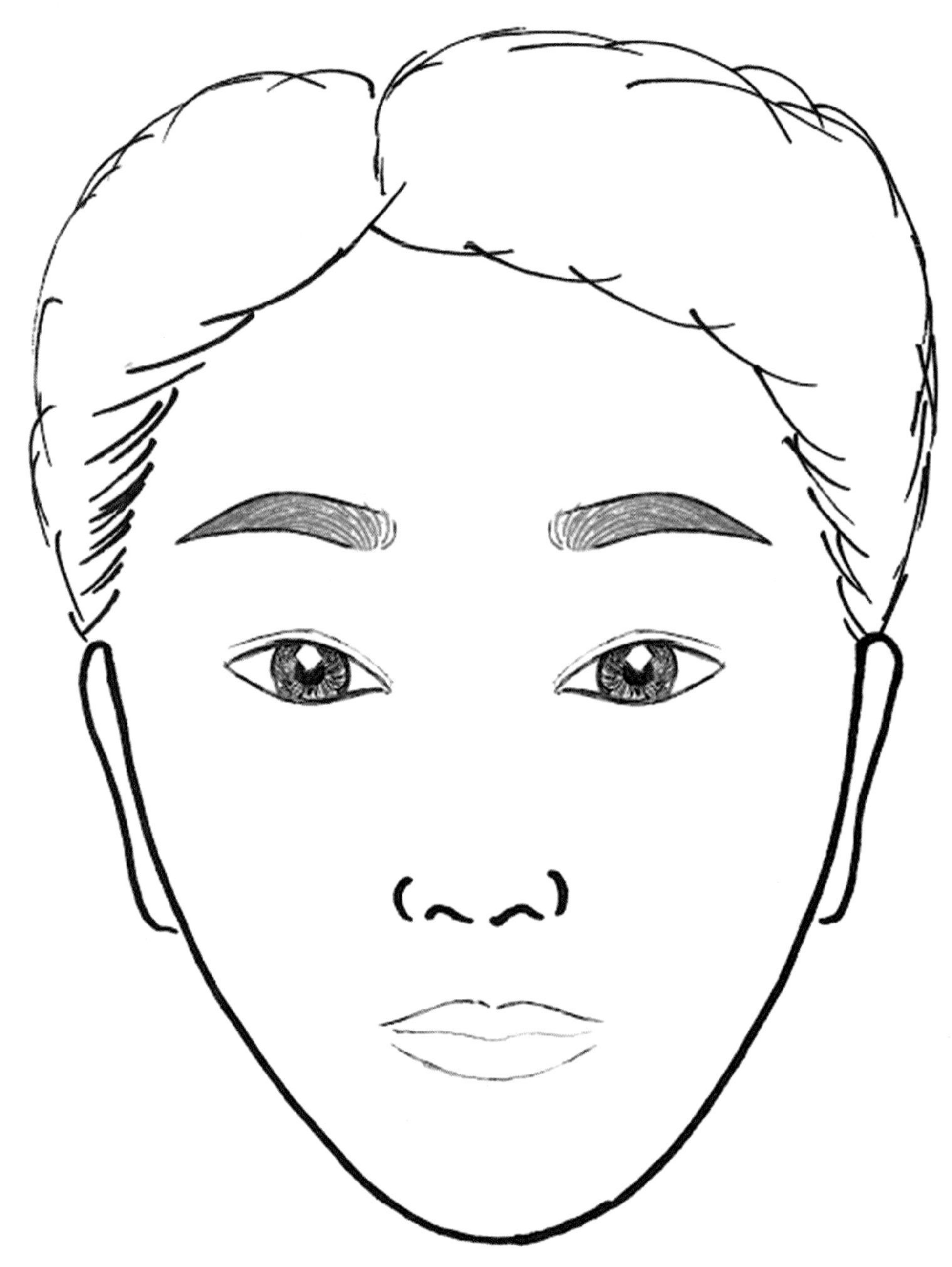

◆ 역삼각형 얼굴 – 둥근형 눈썹

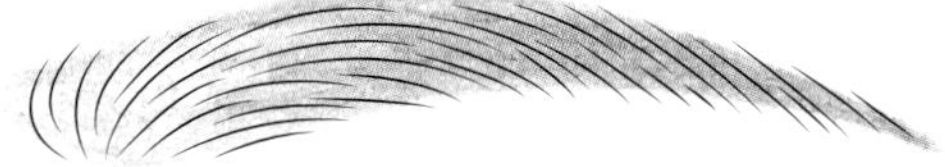

[역삼각형 얼굴의 관상]

머리가 좋고 청결한 것을 좋아하며 성격이 다소 급하고 까다로운 편이다. 고독을 즐기는 성격이며, 육체노동에는 적합하지 않으며 육체노동을 경멸한다. 두뇌 노동이 천직이며, 상대방과 교섭할 때는 억지나 뱃심으로 밀어붙이는 것이 아니라, 이치를 따져서 진행하는 타입으로 교육자나 문학가, 종교, 예술 방면에 적합하다. 많은 동기를 만나 서로 사이가 좋고, 높은 관직에 오르게 되는 상이며, 얼굴도 준수하고 사람됨이 총명하며 고상한 상이다.

[역삼각형 얼굴의 눈썹]

역삼각형의 얼굴은 이마 부분이 넓게 발달되어 있고 밑으로 갈수록 점점 좁아져 하관이 빠르고 턱이 뾰족한 얼굴형이다. 이런 얼굴형에는 여성적인 느낌을 주는 **"둥근형 눈썹"**이 어울린다. 둥근형 눈썹은 마치 초승달 같이 생긴 모양으로 눈썹이 맑고 수려하면서 좋은 인상으로 바뀐다. 또한 눈썹이 천창에 가까이 높게 붙으면 더욱 좋은 길격으로 여기며, 곡선을 부드럽게 표현해주면 더 좋다.

[시술방법]

부드러운 이미지 연출이 필요하므로 디자인 한 곡선 모양의 눈썹을 한올 한올 진짜 눈썹을 심어주듯이 시술한다. 45도 각도로 깊지 않게 시술해야 자연스런 컬러 착색률로 자리 잡힌다. 마찬가지로 각 개인의 피부색과 피부타입을 잘 고려하여 본인의 눈썹 컬러와 최대한 비슷한 색소로 착색 시술을 한다.

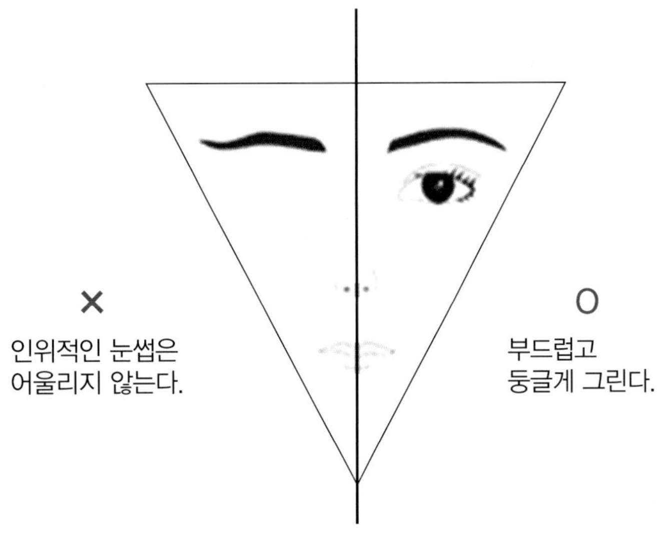

(4) 계란형 얼굴 – 각이 진 눈썹

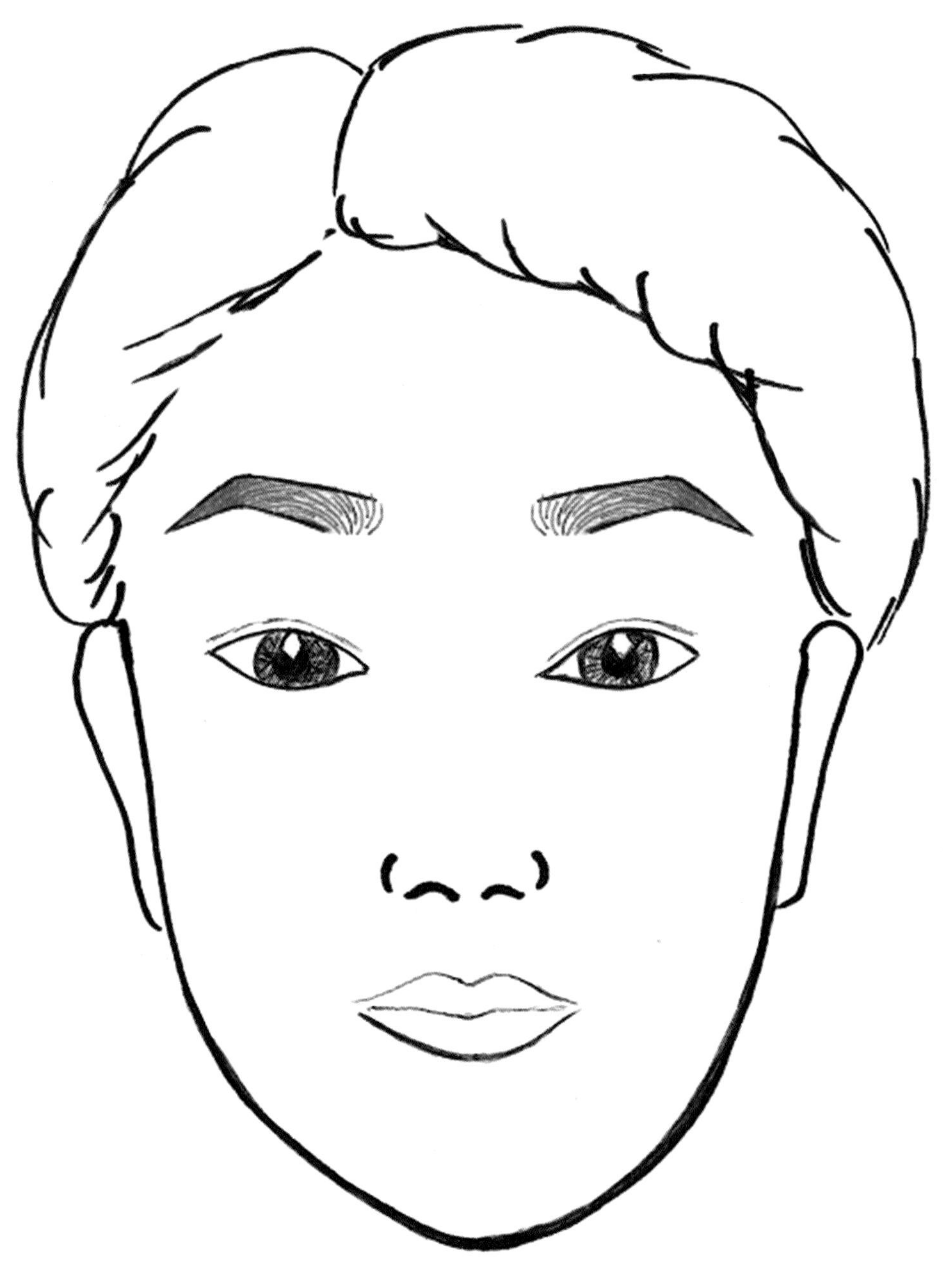

◆ 계란형 얼굴 – 각이 진 눈썹

[계란형 얼굴의 관상]

침착하고 냉담하며, 이지적인 성격을 많이 가지고 있다. 소란스런 분위기나 환경에 말려들지 않고 자신을 지킬 줄 아는 성격이다. 대인관계가 원만하고 친근감을 안겨주는 인상이며, 포부는 원대하나 남을 업신여기지 않는다. 남자인 경우 무뚝뚝하고 살짝 거만해 보일 수 있으며, 느리고 게으른 경향이 있다.
사소한 일에 관심을 두지 않다가 일이 급박해지면 서두르는 형이기도 하다. 직업이나 성향은 보수적이고 완고한 성격을 띠는 공무원이나 관리직 등에 근무하면서 자기가 맡은 직무를 착실히 처리해 나가는 것이 적합하다.

[계란형 얼굴의 눈썹]

계란형 얼굴은 미인형 얼굴이라고도 하는데, 일자모양의 눈썹은 얼굴을 길어보이게 할 수 있으며, 부드러운 느낌의 둥근형 눈썹은 너무 평범해 보일 수 있으므로, 단정하고 세련된 느낌을 주는 **"각이 진 눈썹"** 모양이 계란형 얼굴에 잘 어울린다.

[시술방법]

눈썹 앞부분부터 그라데이션으로 개인의 피부색에 맞게 시술한다. 피부타입을 고려하여 눈썹산 부분을 부드럽게 굴려주며 각을 만들어 준다. 눈썹 끝부분은 깔끔하게 짙은 느낌의 컬러로 착색시키고, 시술 각도는 90도가 좋다.

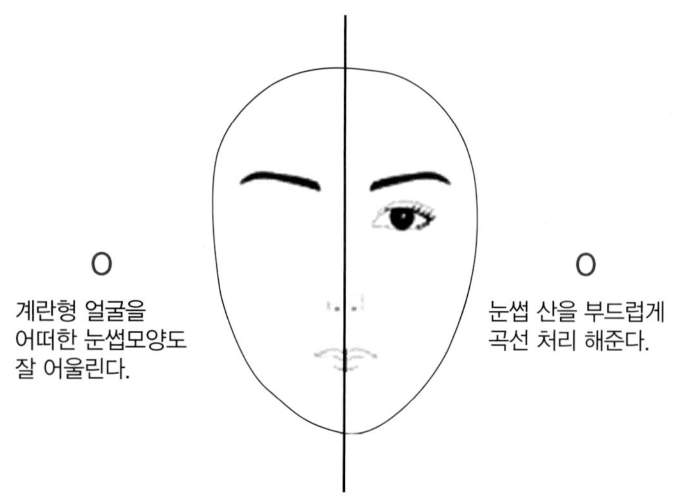

(5) 사각형 얼굴 – 아치형 눈썹

◆ 사각형 얼굴 – 아치형 눈썹

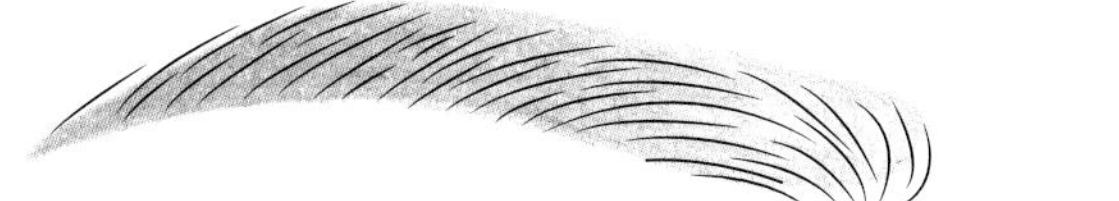

[사각형 얼굴의 관상]

근골질의 사람으로 사각 얼굴형의 사람은 마음의 바탕에도 규모가 있고 반듯하여 원칙을 중요시한다. 또한 남과 타협하기보다는 내 결정과 주장을 소중히 여겨 양보를 잘 안하거나, 타인의 주장이나 뜻이 대의에 합당할 때 적극적으로 수용하는 양면성을 가지고 있는 성격이다.
이러한 얼굴형은 부지런하고 경제적 활동도 규모가 있어 부를 잘 누리며, 농토나 부동산을 좋아하고 이를 잘 취득한다. 융통성보다는 정면으로 돌파하는 과감성이 두드러지는 성격이다. 또한 육부가 풍만하고 오악이 솟았으며 일생 의식주를 걱정하지 않는다. 관계, 경제계 모두 성공할 상이고, 초년 · 중년 · 말년이 한결같이 길하다.

[사각형 얼굴의 눈썹]

사각형의 얼굴에 눈썹 모양은 가늘고 얇은 모양이거나 너무 각이 진 눈썹으로 할 경우 얼굴이 커보이고 넓어 보일 수 있으므로, 시원한 느낌의 고전적인 이미지로 얼굴이 길어 보이는 효과가 있는 **"아치형 눈썹"** 모양이 잘 어울린다.

[시술방법]

피부색과 피부타입을 고려하여 살짝 진한 느낌이 드는 컬러를 선택하여 한올 한올 시술하되, 기존 눈썹 시술을 할 때보다 길게 터치해 준다. 관상학적으로도 길고 수려하게 연출할수록 좋다고 한다. 그렇다고 각 개인의 피부색과 피부타입을 무시하고 할 수는 없지만 최대한 잘 고려하여 시술한다. 이마가 넓은 경우에는 눈썹산을 조금 앞으로 그리면 넓어 보이는 이마의 커버도 가능하다.

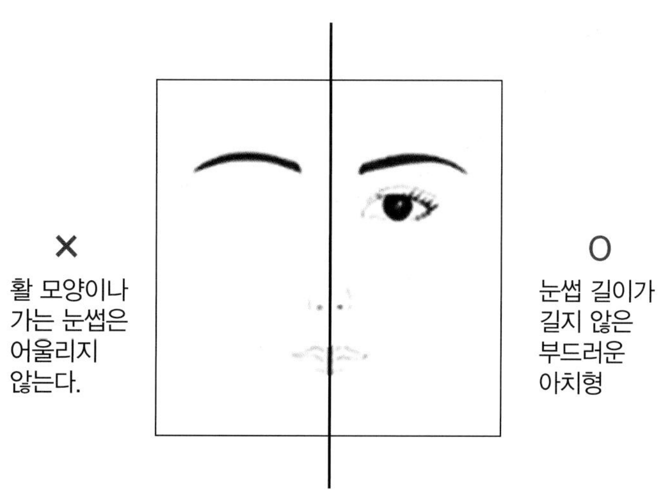

(6) 둥근형 얼굴 – 상승형 눈썹

◆ 둥근형 얼굴 – 상승형 눈썹

[둥근형 얼굴의 관상]

호인형으로 명랑하고 낙천적인 성격이다. 얼굴이 둥글면 한 곳에 머물러 붙박이가 되기보다는 항상 구르기를 지향하는 공과같이 밖으로 나가기를 좋아하고, 운명 또한 그런 쪽으로 귀결됨이 많다.

성격이 원만하고 타인과의 융화도 잘 되나, 지나치면 남의 의견이나 세력에 흡수되어 자기 본래의 모습을 잃어버리기도 한다. 적당한 직업은 영업직이나 홍보직이 잘 어울리며, 순간적인 재치를 필요로 하는 직업에 뛰어난 재능을 보인다. 수양하거나 평상심을 유지할 때는 마음을 굳게 하여 사각지게 만드는 것이 중요한데, 마음을 굳게 하면 본인의 의지대로 행동할 수 있다. 또한, 동기나 형제 운이 좋고 건강하며 수명도 길다.

[둥근형 얼굴의 눈썹]

둥근형의 얼굴에 일자형 눈썹 모양은 얼굴을 넓고 평평해 보이게 할 수 있으므로, 둥근형의 얼굴에는 도전적이고 날카로운 남성적인 느낌에 시원함을 더해주어 눈썹을 가지런히 짙게 연출해 주는 **"상승형 눈썹"**이 어울린다.

[시술방법]

관상학적으로 눈썹의 길이가 길수록 운이 좋다하니, 눈썹 앞부분부터 흐리게 착색시키다가 끝으로 갈수록 진하게 표현하며, 그 위를 넓은 간격으로 한올 한올 시술한다. 시술 각도는 90도를 유지하고, 눈썹 끝 윗부분을 너무 깊지 않게 시술해야 한다.

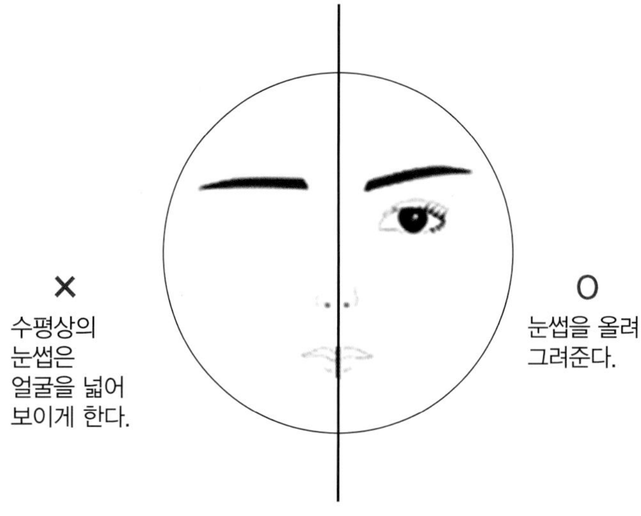

Chapter

02 눈매에 맞는 아이라인과 관상학적 의미

눈매에 맞는 아이라인 디자인과 시술, 그리고 관상학적 의미를 정리해 보았다. Chapter 02에서는 큰 눈과 작은 눈, 내려간 눈과 올라간 눈, 둥근 눈과 가는 눈, 그리고 쌍꺼풀이 있는 눈의 관상학적 이미지와 이에 어울리는 시술 방법을 알아보도록 한다.

1. 큰 눈

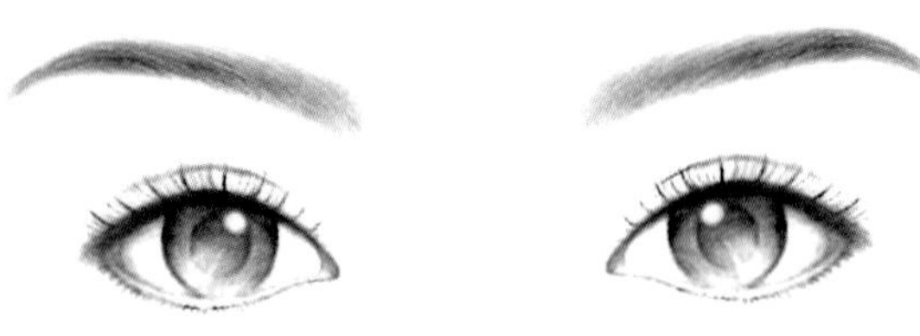

- 큰 눈은 감성이 풍부하고 시원스럽고 진취적으로 보인다. 그래서 큰 눈일 경우에는 라인을 점막에 최대한 가까이 시술하며, 너무 두껍지 않게 시술해야 한다. 눈꼬리는 본인의 눈썹라인 끝에 맞춰 시술한다.
- **특징** : 시원한 / 명랑한 / 선량한 / 화려한 / 사회성이 있는 / 감정이 풍부한

2. 작은 눈

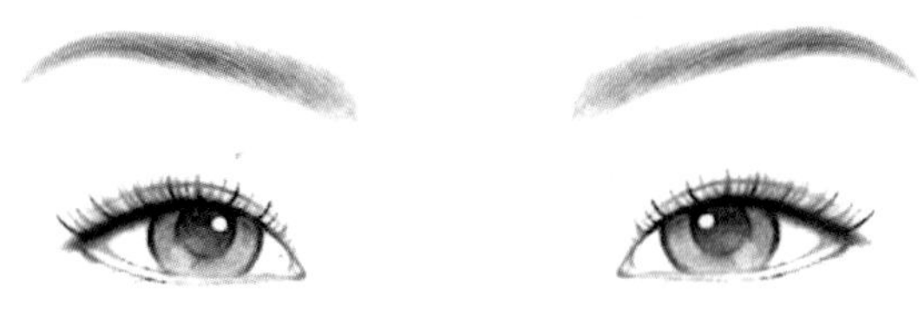

- 작은 눈은 소극적이고 답답해 보이는 경향이 있다. 그래서 작은 눈일 경우에는 눈 길이와 쌍꺼풀의 유무에 따라 끝 라인을 길게 시술할지 짧게 시술할지 판단하여 두께를 정하여 시술한다.
- **특징** : 조용한 / 귀여운 / 섬세한 / 인내심이 있는 / 통찰력이 있는 / 신경질적인 / 답답한 / 소극적인 / 보수적인

3. 내려간 눈

- 내려간 눈은 처져있어서 온순하고 미숙해 보이는 이미지를 가지고 있으므로, 눈 앞부분은 얇은 터치로 시작하여 눈 끝지점을 언더라인 기점으로 살짝 올려 쳐진 느낌이 들지 않게 시술한다.
- **특징** : 온순한 / 순진한 / 우울한 / 비굴한 / 미숙한 / 부드럽고 사랑스러운

4. 올라간 눈

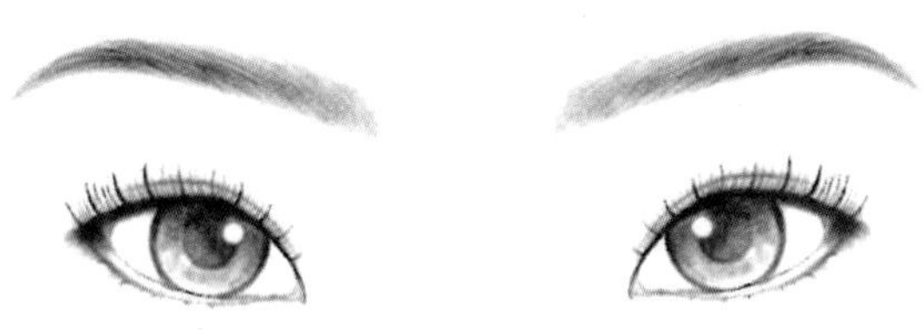

- 올라간 눈은 날카롭고 예리하며, 거만하고 고집스러워 보인다. 그래서 올라간 눈일 경우에는 눈 앞부분을 중앙보다 살짝 두껍게, 눈꼬리 부분을 살짝 아래로 내리고 언더라인보다 살짝만 내려 시술한다.
- **특징** : 날카로운 / 예민한 / 기민한 / 냉정한 / 주관적인 / 거만한 / 적극적인 / 고집스러운

5. 둥근 눈

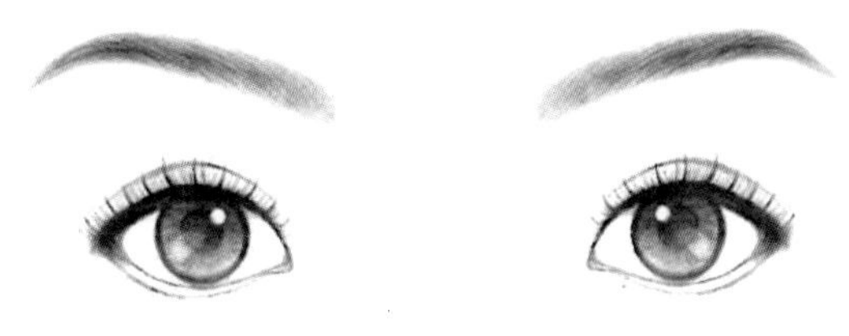

- 둥근 눈은 경쾌하고 밝으며 명랑하게 보이기도 하고, 놀라고 당혹스러워 하는 이미지로도 보일 수 있다. 이러한 둥근 눈의 경우에는 맑고 깨끗한 느낌의 눈매를 지켜주면서 눈꼬리 부분을 살짝만 아래로 시술하여 또렷한 눈매를 연출해 준다.
- **특징** : 명랑한 / 밝은 / 놀란 / 불안한 / 공포에 질린

6. 가는 눈

- 가는 눈은 섬세하고 예리하며 자칫 냉정해 보이기도 한다. 이러한 가는 눈의 경우에는 쌍꺼풀 여부와 상관없이 눈 안쪽 점막을 채우고, 위로는 가늘고 옆으로는 살짝 선명한 느낌만 들도록 시술한다.
- **특징** : 섬세한 / 냉정한 / 인내심이 있는 / 날카롭고 예리한 / 잔인한

7. 쌍꺼풀 눈

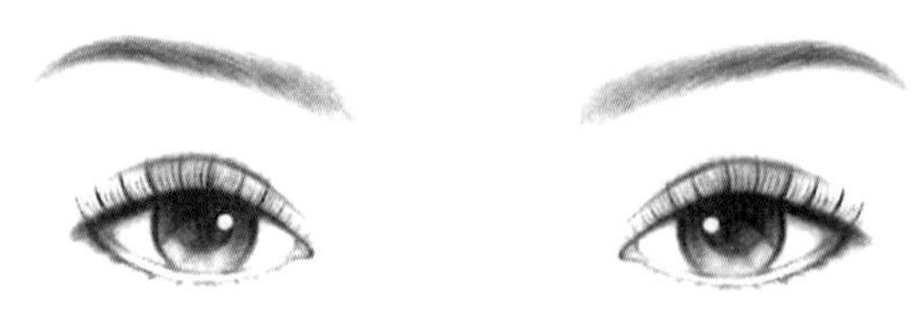

- 쌍꺼풀이 있는 눈은 성숙하고 활발하며, 서구적이고 현대적인 이미지이다. 쌍꺼풀이 있는 눈일 경우 눈썹 사이사이와 점막 부분을 꼼꼼히 채워가며 시술하고, 쌍꺼풀 크기에 따라 아이라인의 두께를 조절해가며 시술한다.
- **특징** : 감수성이 풍부한 / 성숙한 / 노련한 / 활발한 / 서구적인 / 현대적인

통계로 보는 다양한 반영구 화장

박건희, 2013, "반영구 화장의 시술실태에 관한 연구", 석사학위논문, 중앙대학교 대학원

1. 연령에 따른 반영구 화장에 대한 의료행위 인지 차이

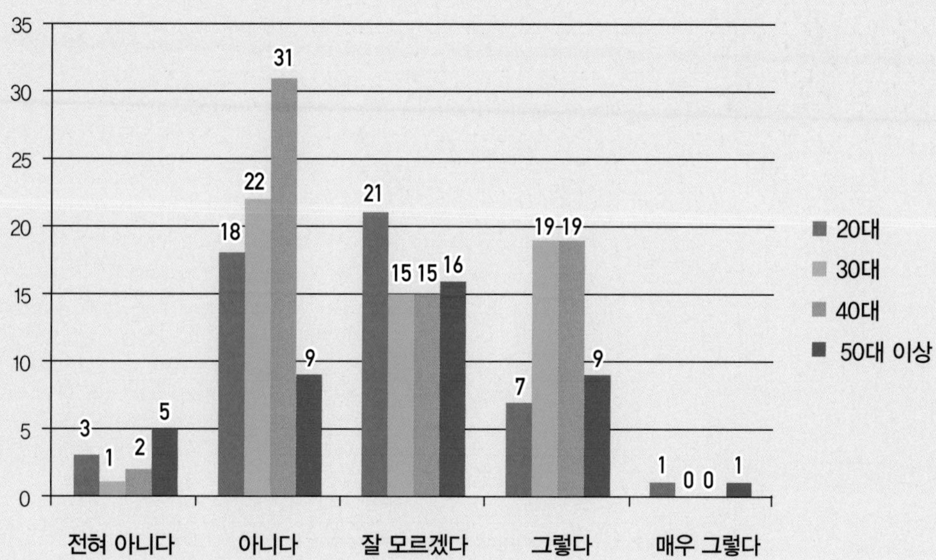

2. 성별에 따른 반영구 화장의 시술부위 효과성 차이

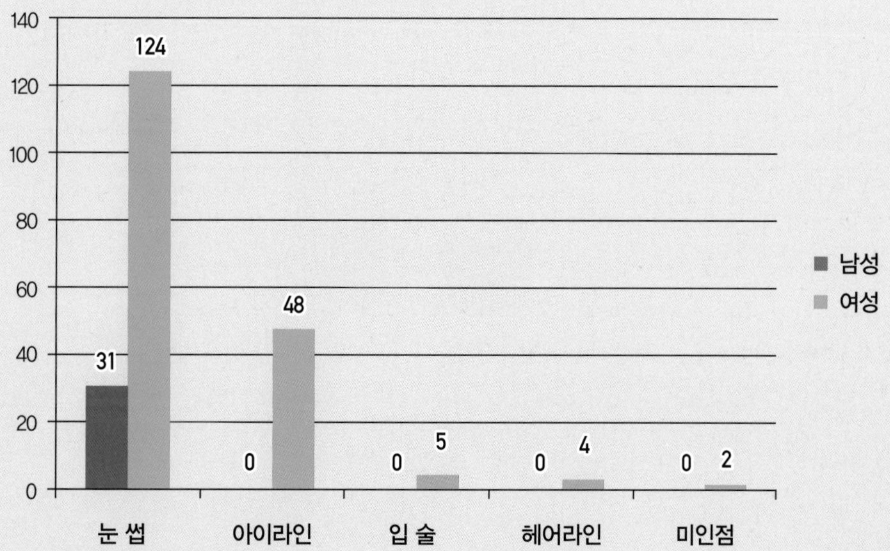

3. 결혼여부에 따른 반영구 화장 정보원 차이

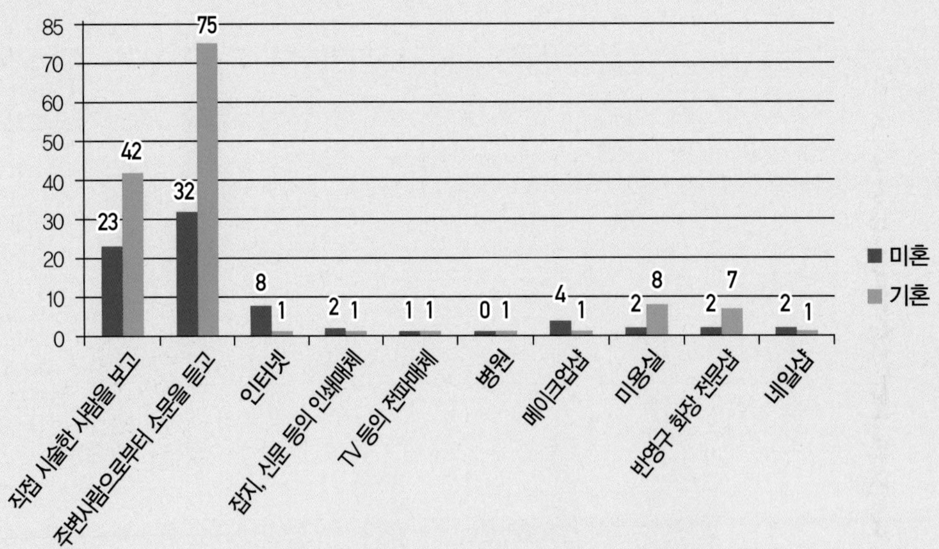

4. 학력에 따른 반영구 화장에 대한 메이크업 인식 차이

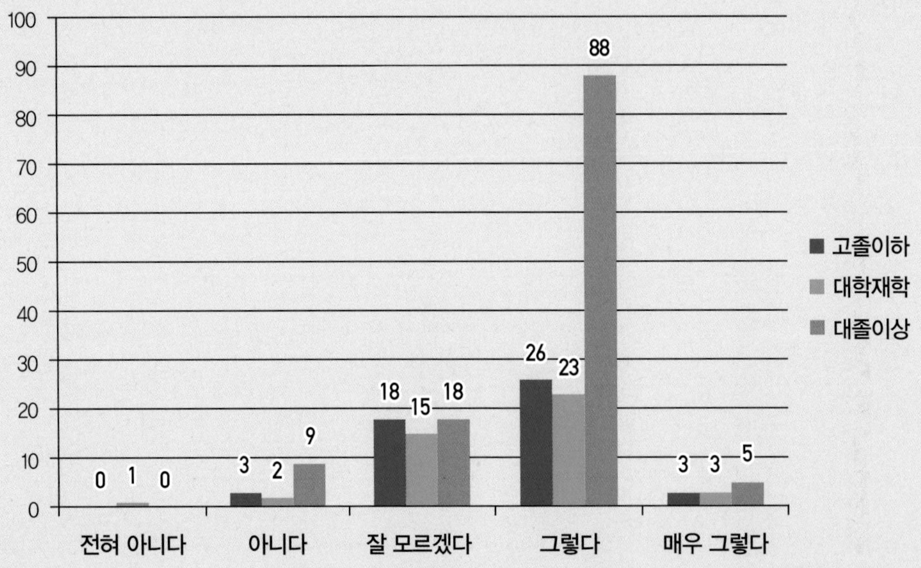

5. 월 평균 가구소득에 따른 반영구 화장의 인식 차이

(1) 메이크업 인식여부의 차이

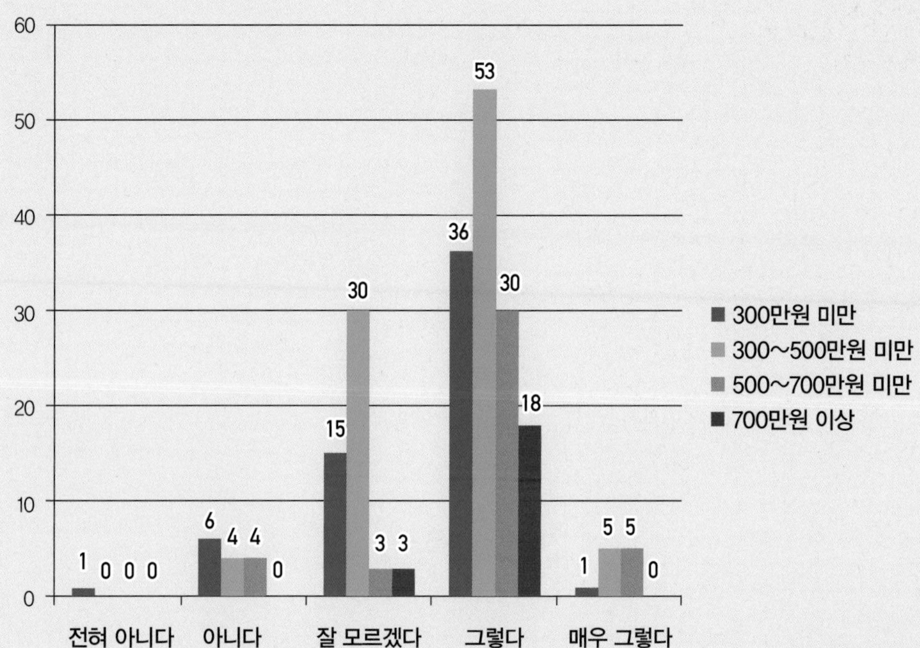

(2) 안전성에 대한 인식 차이

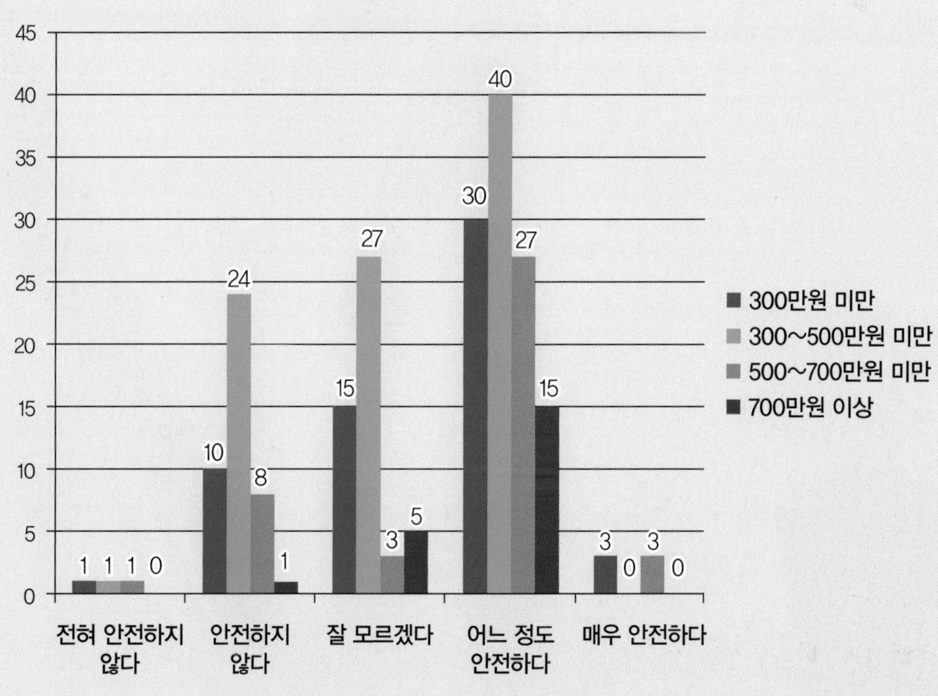

Part 04
반영구 화장의 실제

01 /
눈썹 그리기

02 /
아이라인 그리기

03 /
입술 그리기

Chapter

01 눈썹 그리기

"운칠기삼[運七技三]"이란 모든 일의 성패는 운이 7할이고, 노력이 3할을 차지한다는 뜻이다. 좋은 관상으로 바꾸는 반영구 화장의 실제 파트에서는 "운칠기삼"이라는 말과 연결하여 복 있는 좋은 관상으로 바뀔 수 있도록 기술적으로도 "7㎜, 3㎜"를 적용해서 풀어보았다. 기본틀을 만들고 디자인을 따라함에 있어 "7㎜, 3㎜"를 유념하여 연습해보도록 한다.

1. 기본형 눈썹

◆ 기본형 눈썹 디자인

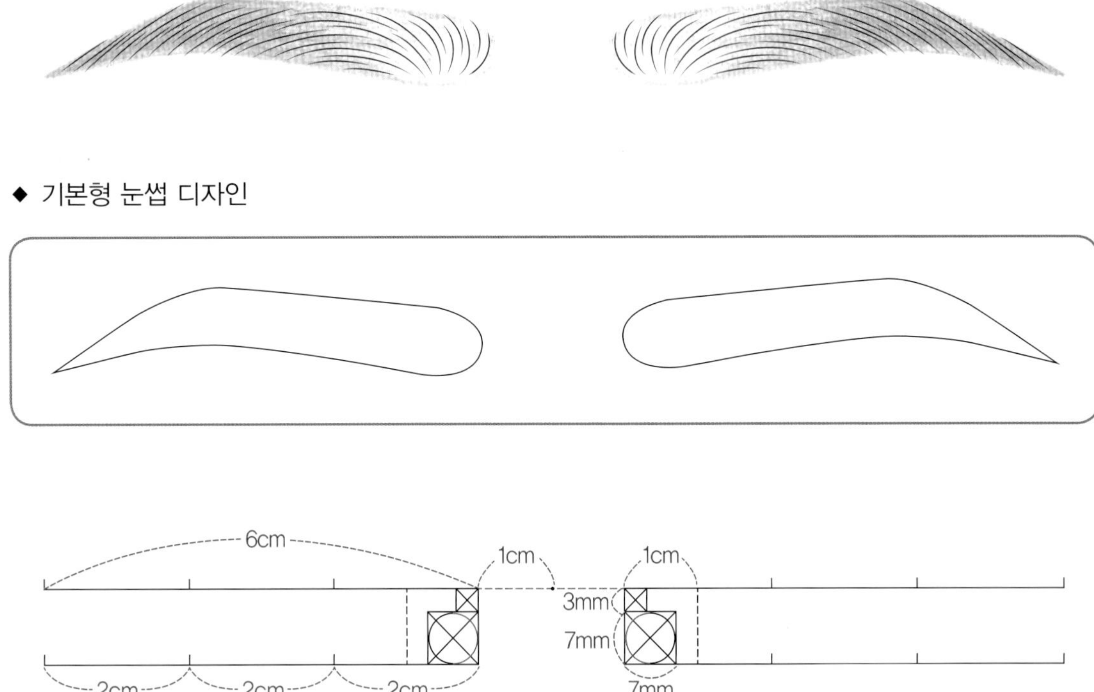

① 기본 6cm를 표준 눈썹의 가장 이상적인 길이로 정하고, 2cm 씩 3등분 선을 표시한다. 앞 1㎝ 정사각형 안 앞쪽 아래 부분 7㎜씩 정사각형을 만든다. 작은 정사각형 안에 ×자 표시를 한 후, 정사각형 정 가운데를 중심으로 라운딩을 해놓는다.

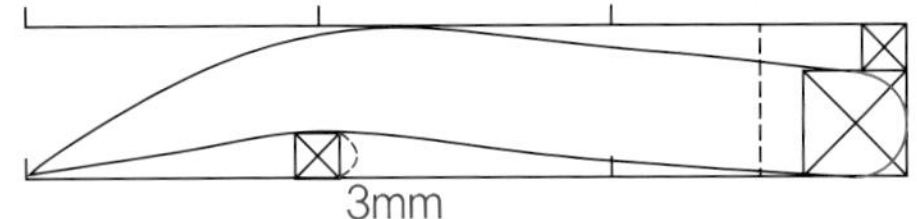

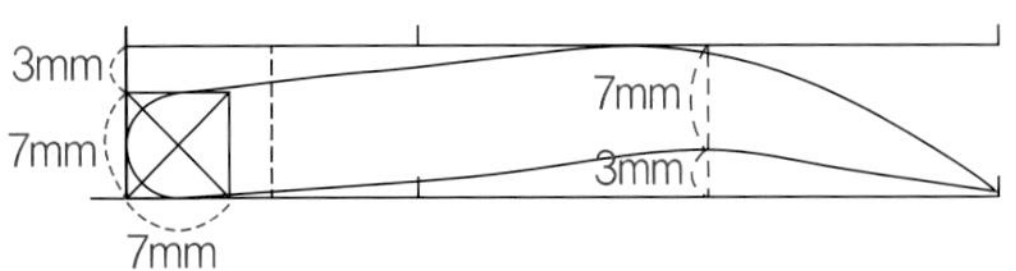

② 아래선 2/3지점 아래 3㎜ 정사각형을 만들고, 눈썹 아랫선을 3㎜ 정사각형 위로 지나게 그린다. 윗선은 7㎜ 정사각형 앞 라운딩한 선 중간부터 시작하여 2/3지점까지 직선으로 연결한 후 아랫선까지 연결하여 그린다.

기본형 눈썹 따라하기

• 디자인

• 그라데이션

• 엠 보

• 콤 보

【기본형 눈썹 연습하기】

※ 기본 디자인 연습 후, 그라데이션을 연습하세요.

【기본형 눈썹 연습하기-콤보】

※ 그라데이션 연습 후, 엠보선을 연습하세요.

2. 남자눈썹 – 나뭇잎 디자인

◆ 나뭇잎 기본 디자인

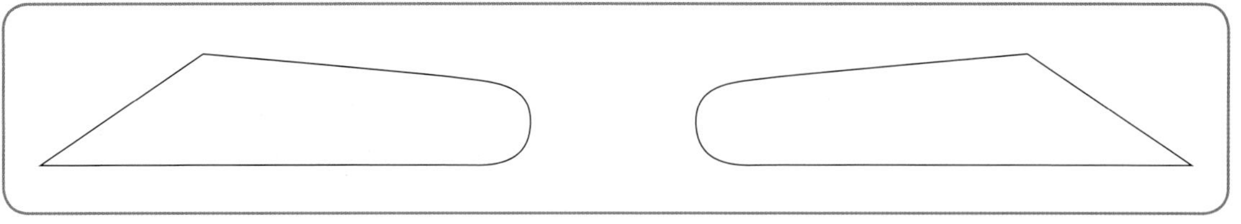

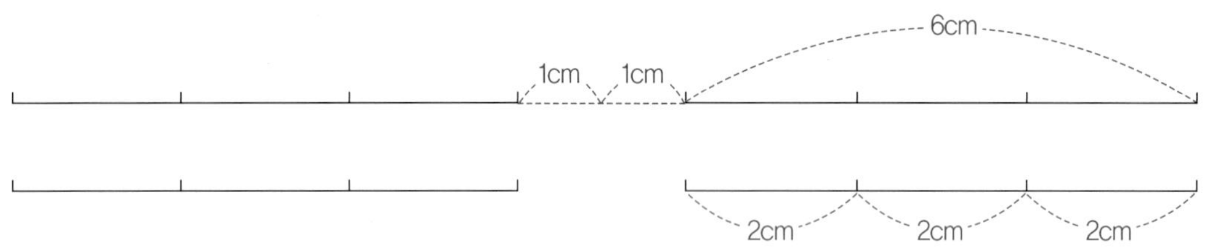

① 정중앙을 중심으로 양 옆으로 1㎝씩 띄고, 기본 디자인을 6㎝로 잡아 2㎝씩 3등분 선을 표시한다.

② 기본 디자인을 위해 그려놓은 맨 앞부분에 1㎝씩 정사각형을 그린 후, 그 안에 "×"자를 표시한다. 그리고 맨 앞 정사각형 ×자 중간 5㎜ 위, 아래를 기준으로 라운딩을 스타트 선으로 그린다.

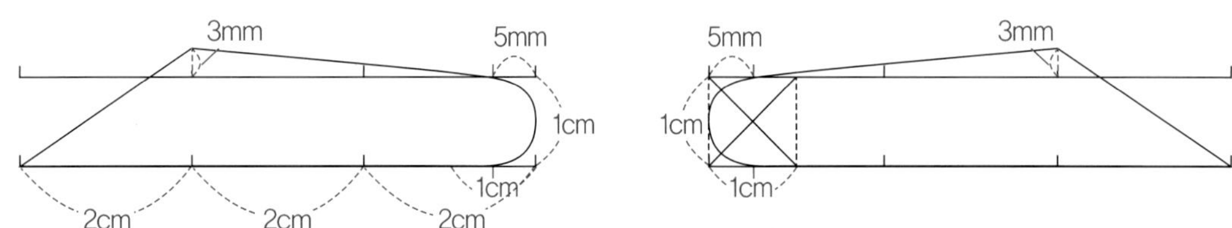

③ 기본 디자인의 2/3지점에서 위로 3㎜ 지점에 눈썹산을 만들어 끝선까지 연결한다.

④ 앞 시작부분을 옆으로 라운딩하여 5가닥을 모아 그려주고, 아랫부분도 6가닥을 위로 모아 라운딩으로 연결하여 겹쳐지게 그린다.

⑤ 끝으로 나뭇잎 모양처럼 모이게 선을 연결해 준다. 이때 아랫부분의 선을 너무 위로 올려 그리지 않고, 살짝 가로로 보이게 선을 그려준다.

【남자 눈썹 - 나뭇잎 디자인 연습하기】

※ 기본 디자인 연습 후, 그라데이션, 엠보선을 연습하세요.

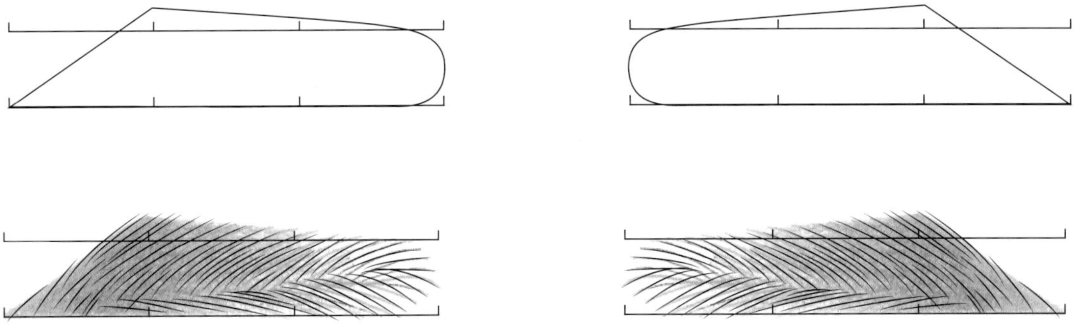

3. 일자형 눈썹

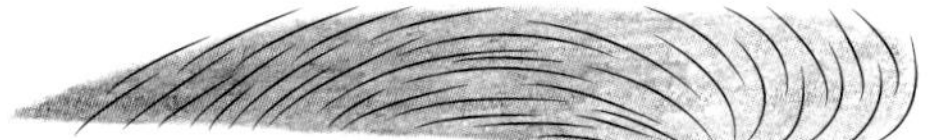
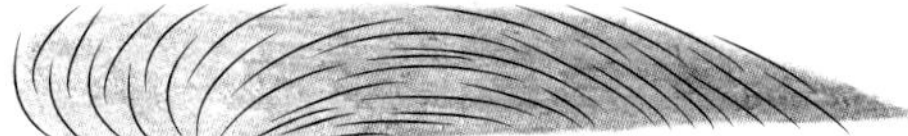

◆ 일자형 기본 디자인

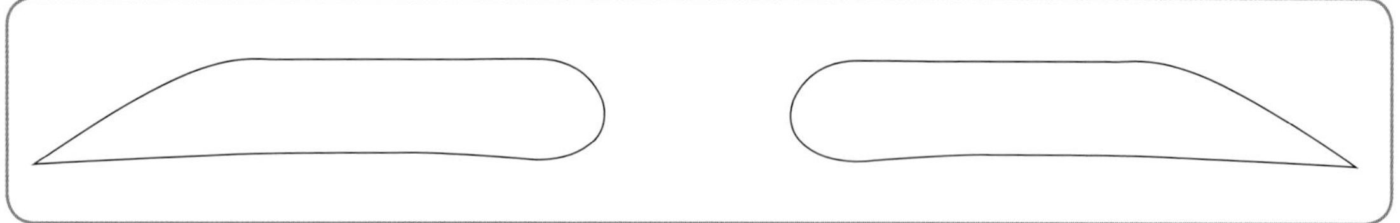

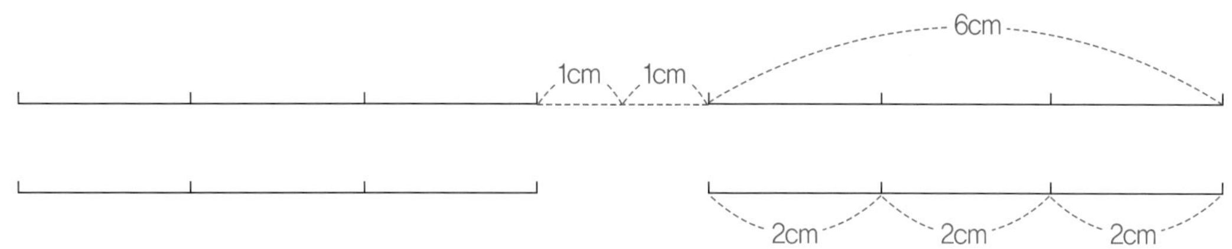

① 정중앙을 중심으로 양 옆으로 1㎝씩 띄고, 기본 디자인을 6㎝로 잡아 2㎝씩 3등분 선을 표시한다.

② 기본 디자인을 위해 그려놓은 맨 앞부분에 1㎝씩 정사각형을 그린 후, 그 안에 “×”자를 표시한다. 그리고 맨 앞 정사각형 ×자 중간 5㎜ 위, 아래를 기준으로 라운딩을 스타트 선으로 그린다.

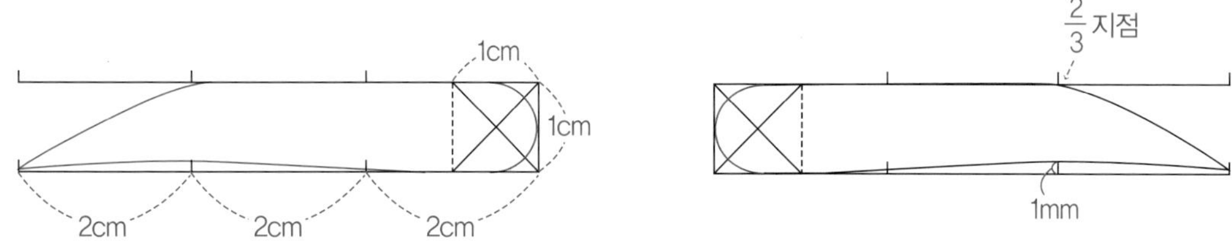

③ 기본 디자인 선 안의 2/3지점에서 눈썹산을 만들어 라운드를 그리고 눈썹까지 연결한다. 눈썹심은 1㎜를 띄운 후 눈썹 끝까지 연결한다.

◆ 일자형 엠보 디자인

① 눈썹디자인을 잡고 앞부분부터 살짝 둥글리면서 선을 그린다. 1㎜ 정도의 간격을 두고 시작점을 그린다. 5가닥 정도 그리고, 중간 중간 선을 넣어 중간까지 연결한다. 그리고 보라색 부분처럼 아래 부분도 5가닥 정도 선을 그려 중간까지 연결시킨다.

② 중간 중간 교차되도록 5가닥 정도 선을 그린다. 중간선부터 끝부분까지 윗선을 맞춰 눈썹 모양에 맞게 선을 그린다.

③ 중간과 끝부분의 선에 중간 중간 교차시켜 연결하여 1㎜정도 간격을 유지하며 선을 그린다.

일자형 눈썹 따라하기

• 디자인

• 그라데이션

• 엠 보

• 콤 보

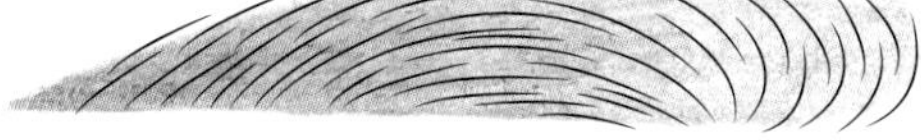

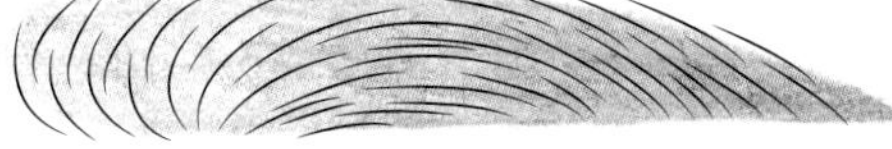

A.D.V.I.C.E

• 그라데이션 기법 : 디자인을 잡고 끝부분부터 진하게 그라데이션에 들어간다. 끝은 여러번 터치하여 진하게 표현하고, 앞으로 갈수록 흐리게 표현해야 자연스럽다.

• 콤보기법 : 그라데이션 기법을 다한 후에 엠보기법을 그 위에 표현한 기법이다. 눈썹 숱이 아주 없거나 흉터가 있는 사람에게 잘 어울리며, 진한 메이크업을 좋아하는 사람에게 시술한다.

【일자형 눈썹 연습하기】

※ 기본 디자인 연습 후, 그라데이션을 연습하세요.

【일자형 눈썹 연습하기-콤보】

※ 그라데이션 연습 후, 엠보선을 연습하세요.

4. 아치형 눈썹

◆ 아치형 기본 디자인

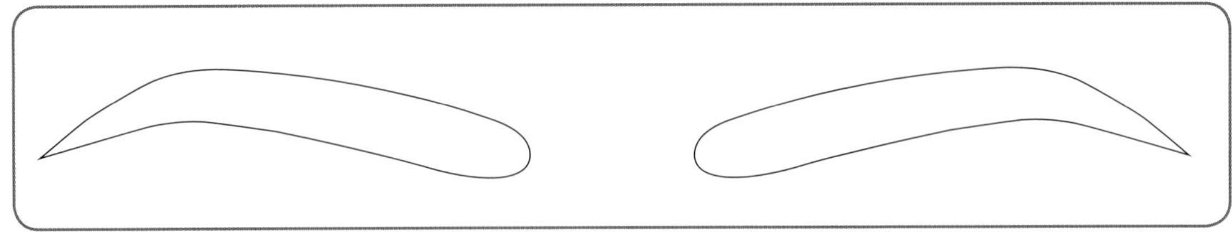

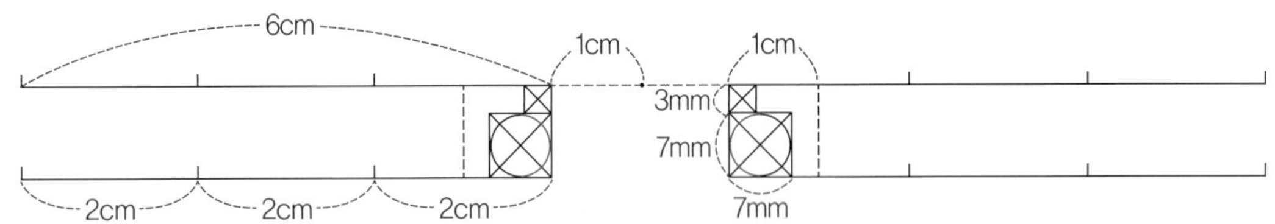

① 기본 6cm를 표준 눈썹의 가장 이상적인 길이로 정하고, 2cm 씩 3등분 선을 표시한다. 앞 1㎝ 정사각형 안 앞쪽 아래 부분 7㎜씩 정사각형을 만든다. 작은 정사각형 안에 ×자 표시를 한 후, 정사각형 정 가운데를 중심으로 라운딩을 해놓는다.

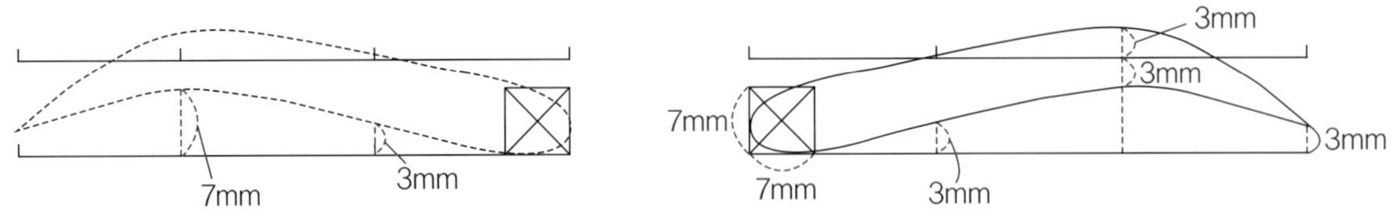

② 기본 눈썹 라인선을 그린 후, 위 라인 1/3 지점부터 둥글게 눈썹산을 2/3 지점까지 연결 후, 아랫선 1/3 지점을 3㎜ 위 지점을 지나 2/3 지점 7㎜ 위로 지나 그린 후, 눈썹 꼬리는 아래 3㎜ 위까지 선을 연결한다.

아치형 눈썹 따라하기

• 디자인

• 그라데이션

• 엠 보

• 콤 보

【아치형 눈썹 연습하기】

※ 기본 디자인 연습 후, 그라데이션을 연습하세요.

【아치형 눈썹 연습하기-콤보】

※ 그라데이션 연습 후, 엠보선을 연습하세요.

5. 둥근형(곡선) 눈썹

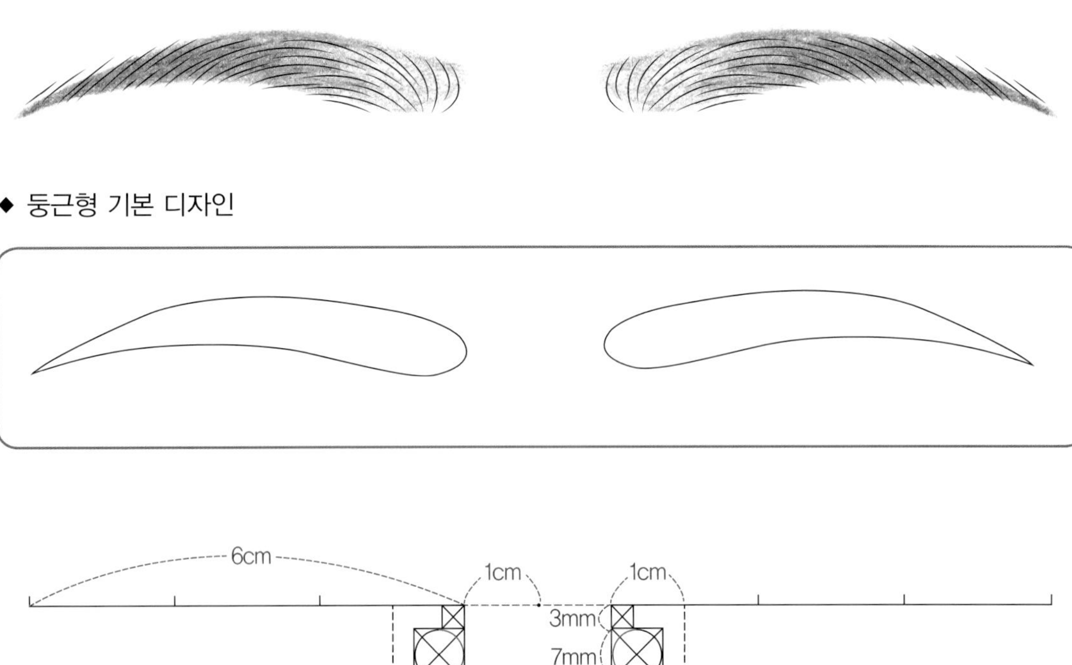

① 기본 6cm를 표준 눈썹의 가장 이상적인 길이로 정하고, 2cm 씩 3등분 선을 표시한다. 앞 1㎝ 정사각형 안 앞쪽 아래 부분 7㎜ 씩 정사각형을 만든다. 작은 정사각형 안에 ×자 표시를 한 후, 정사각형 정 가운데를 중심으로 라운딩을 해놓는다.

② 기본 눈썹 라인선을 그린 후 윗라인 1/2 지점에서 라운드로 눈썹산을 만든다. 아래선은 기본선에서 1/2 지점 3㎜ 위로 눈썹심을 만들어 꼬리까지 연결한다.

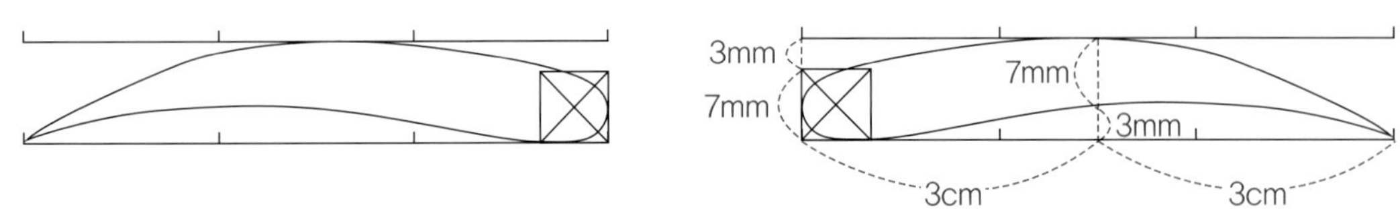

둥근형 눈썹 따라하기

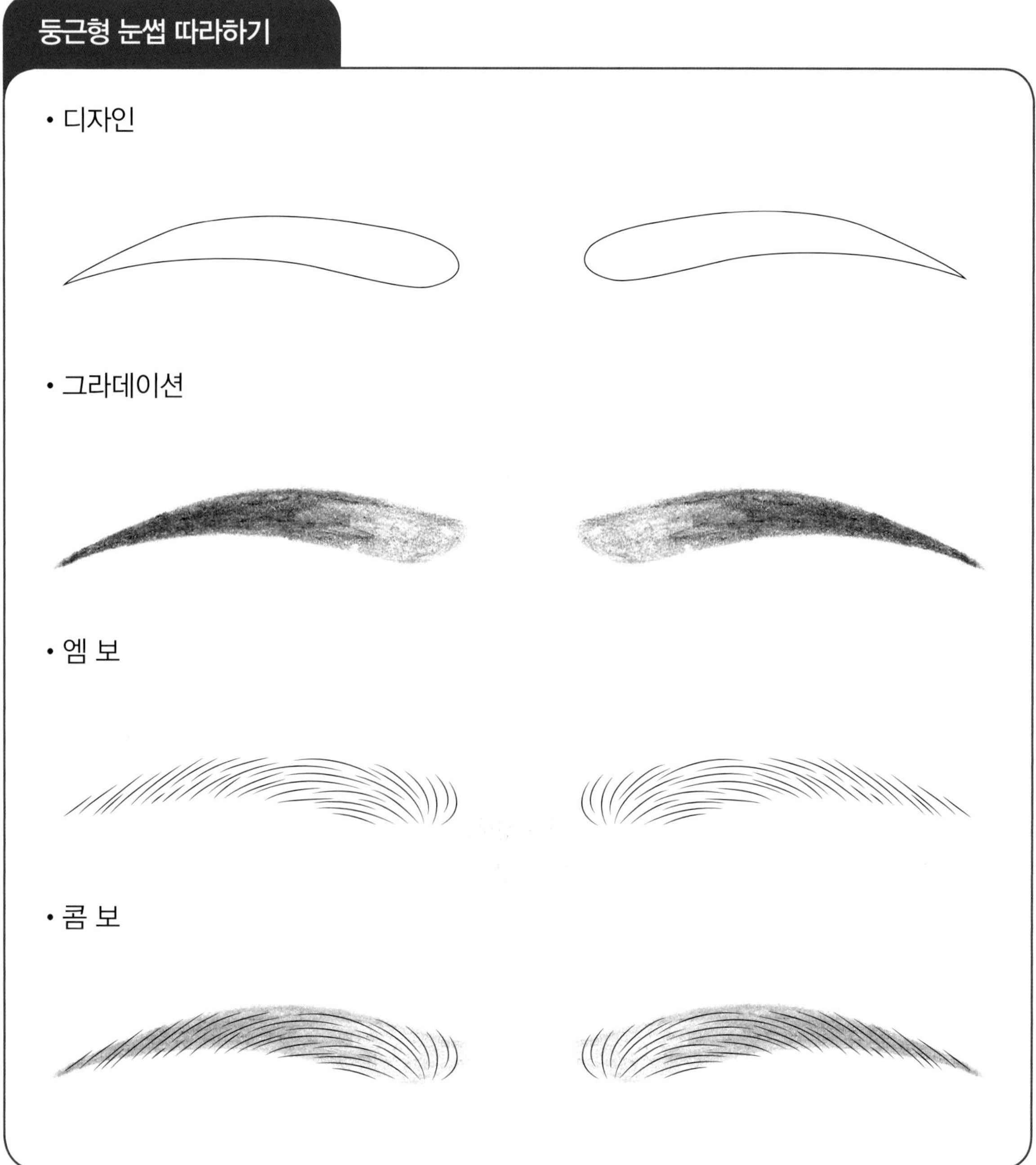

【둥근형 눈썹 연습하기】

※ 기본 디자인 연습 후, 그라데이션을 연습하세요.

【둥근형 눈썹 연습하기-콤보】

※ 그라데이션 연습 후, 엠보선을 연습하세요.

6. 상승형(올라간) 눈썹

◆ 상승형 기본 디자인

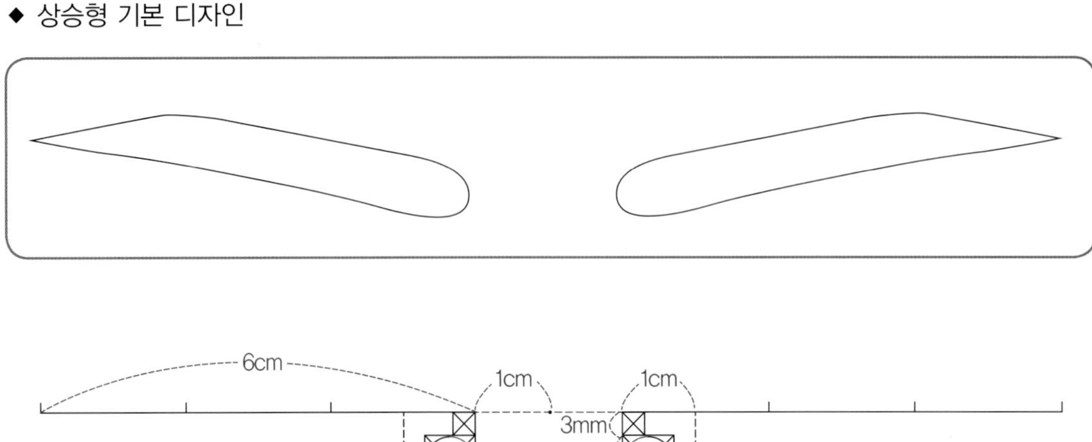

① 기본 6cm를 표준 눈썹의 가장 이상적인 길이로 정하고, 2cm 씩 3등분 선을 표시한다. 앞 1㎝ 정사각형 안 앞쪽 아래 부분 7㎜씩 정사각형을 만든다. 작은 정사각형 안에 ×자 표시를 한 후, 정사각형 정 가운데를 중심으로 라운딩을 해놓는다.

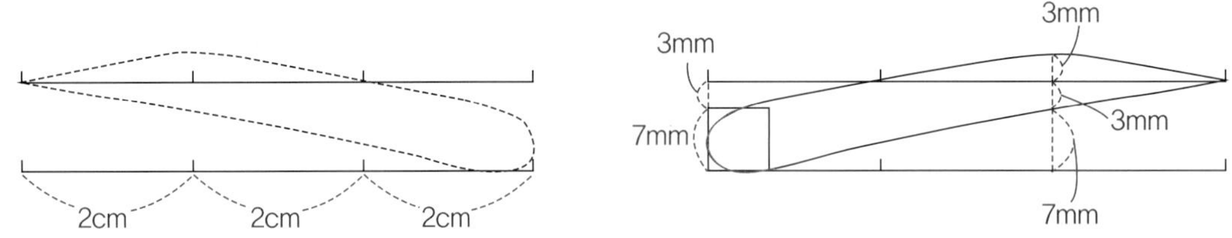

② 기본 눈썹 라인선을 기본으로 윗선은 1/3지점부터 위로 2/3지점을 눈썹산 3mm로 하고, 윗선 끝은 윗선 끝점까지 연결한다. 아래선은 기본선 2/3지점을 7㎜ 위로 3㎜ 지점을 지나 윗선 끝까지 눈썹끝을 그려준다.

상승형 눈썹 따라하기

• 디자인

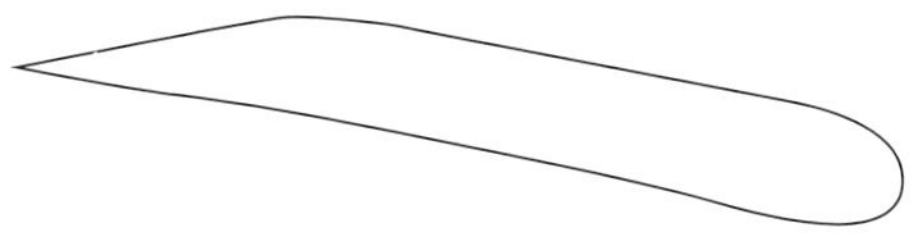

• 그라데이션

• 엠 보

• 콤 보

【상승형 눈썹 연습하기】

※ 기본 디자인 연습 후, 그라데이션을 연습하세요.

【상승형 눈썹 연습하기-콤보】

※ 그라데이션 연습 후, 엠보선을 연습하세요.

7. 각이 진 눈썹

◆ 각이 진 기본 디자인

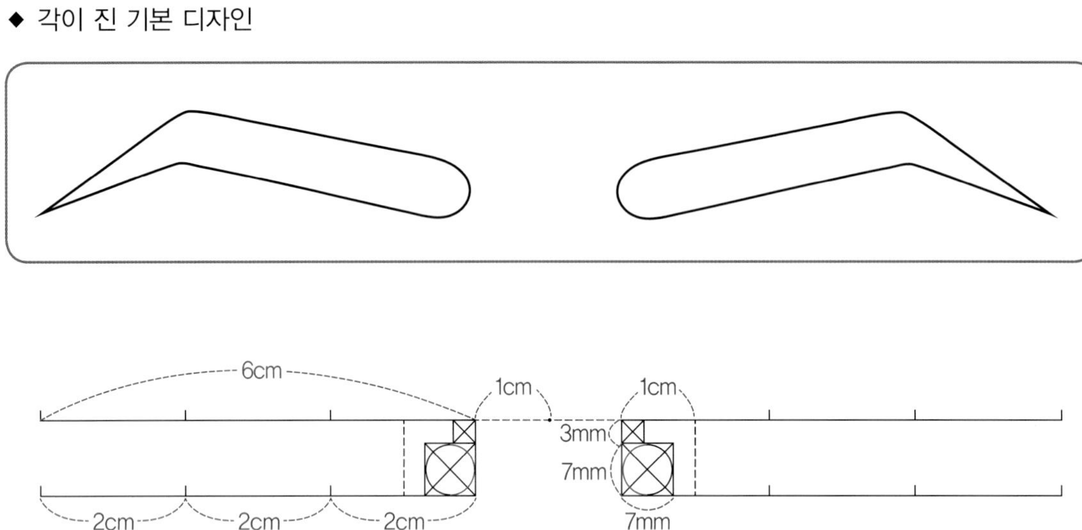

① 기본 6cm를 표준 눈썹의 가장 이상적인 길이로 정하고, 2cm 씩 3등분 선을 표시한다. 앞 1㎝ 정사각형 안 앞쪽 아래 부분 7㎜씩 정사각형을 만든다. 작은 정사각형 안에 ×자 표시를 한 후, 정사각형 정 가운데를 중심으로 라운딩을 해놓는다.

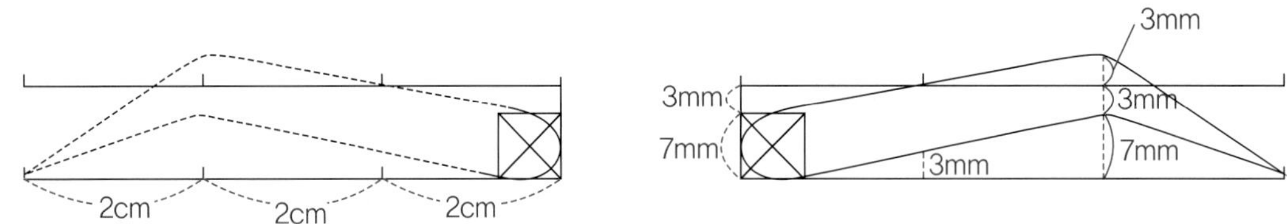

② 기본 눈썹 라인을 잡고 윗라인 2/3 지점에서 위로 3㎜ 높게 눈썹산을 만들어 그리고, 아래선 2/3 지점에서 기본 아래선에서 7㎜ 높게 눈썹심을 만들어 선을 연결하여 그린다.

각이 진 눈썹 따라하기

• 디자인

• 그라데이션

• 엠 보

• 콤 보

【각이 진 눈썹 연습하기】

※ 기본 디자인 연습 후, 그라데이션을 연습하세요.

【각이 진 눈썹 연습하기-콤보】

※ 그라데이션 연습 후, 엠보선을 연습하세요.

Chapter

02 아이라인 그리기

아이라인 그리기

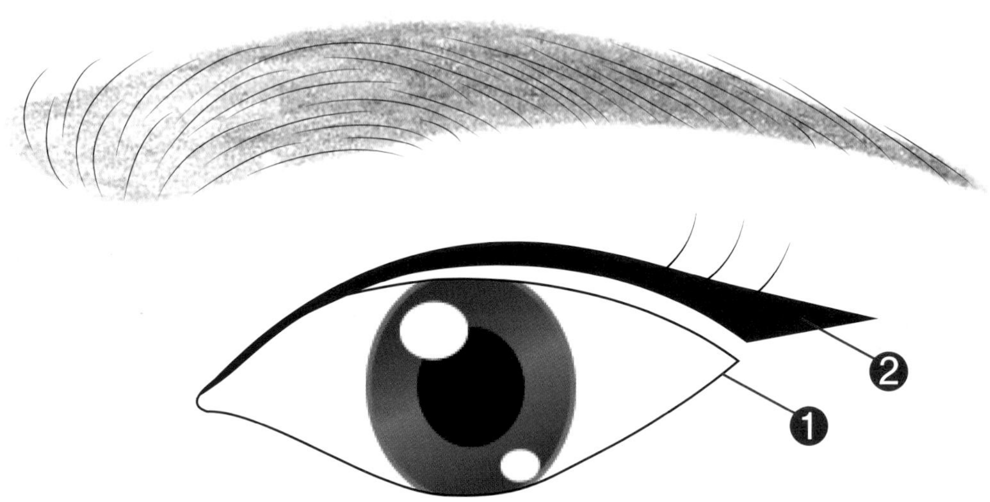

A.D.V.I.C.E

기본 아이라인 그리기

① 점막 부분을 채운다.

② 속눈썹 사이사이를 채운다.

③ 눈매에 맞는 라인으로 시술한다.

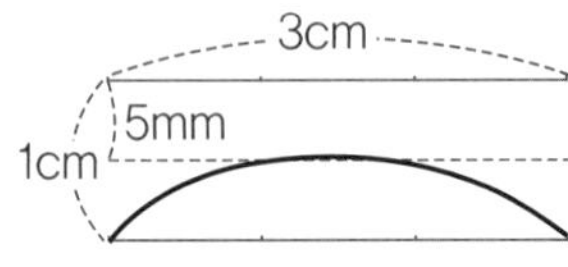

- 기본 가로 3㎝, 세로 1㎝, 중간 5㎜를 점선으로 체크하여, 기본 둥근 라인을 그린 후, 그 틀 안에서 아이라인을 연습한다.

1. 기본 아이라인

(1) 기본 꼬리

기본 아이라인을 1㎜ 두께로 시술한 후, 끝부분을 2㎜정도 띄운 선에서 90도 각도로 윗선과 자연스럽게 만나게 한다.

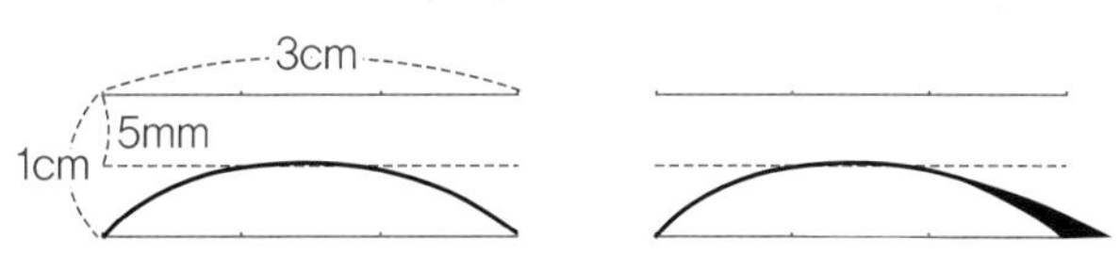

(2) 올라간 꼬리

기본 아이라인을 1㎜ 두께로 시술한 후, 꼬리부분을 45도 각도로 더 올린 후 윗선과 자연스럽게 연결한다.

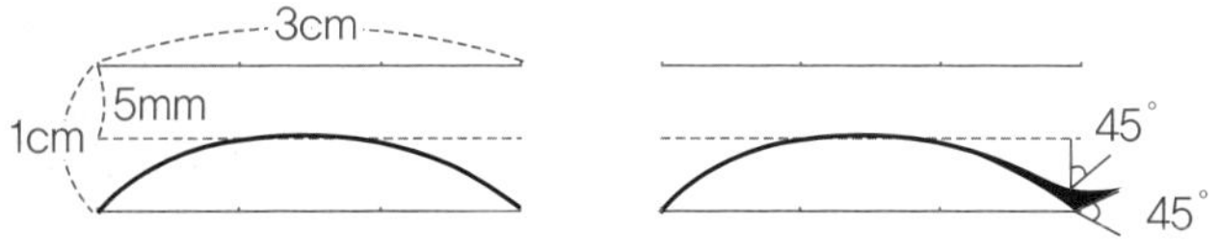

(3) 내려간 꼬리

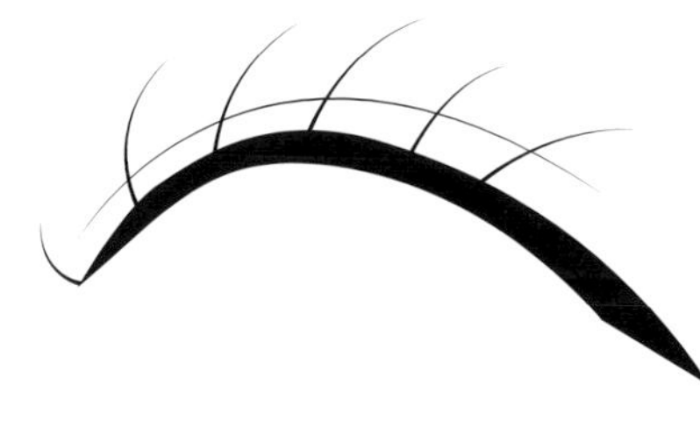

기본 아이라인을 1㎜ 두께로 시술한 후, 꼬리부분에서 45도 각도를 내린 후 윗선과 자연스럽게 연결한다.

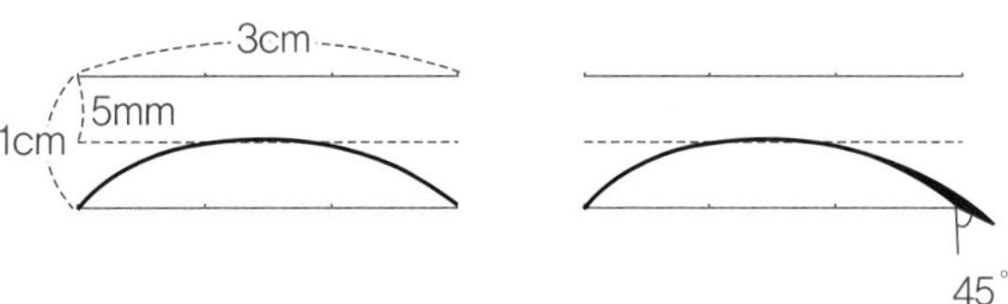

2. 눈매에 따른 아이라인

(1) 앞과 뒤 모두 넓은 눈

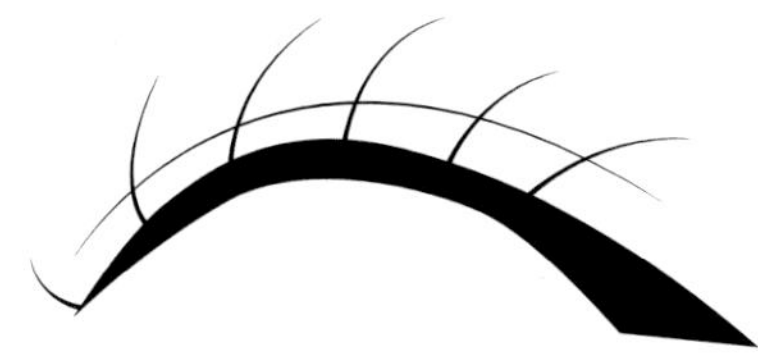

기본 아이라인으로 하되, 뒤쪽을 살짝 두껍게 라인을 그린다.

(2) 앞이 넓고 뒤가 덮이는 눈

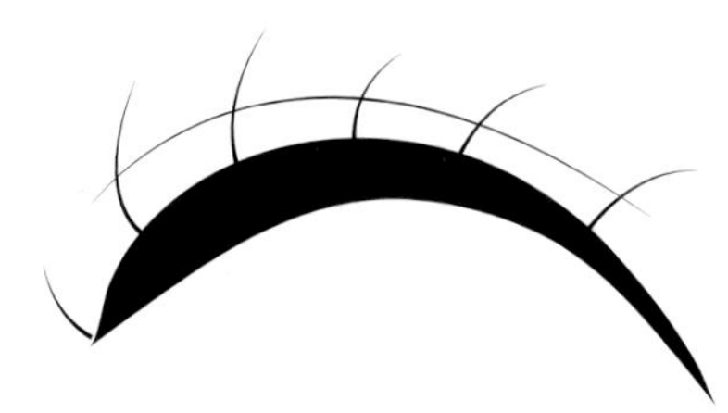

앞쪽은 조금 두껍게 그리면서 끝으로 갈수록 얇게 라인을 만들어 준다.

(3) 가운데가 넓은 쌍꺼풀

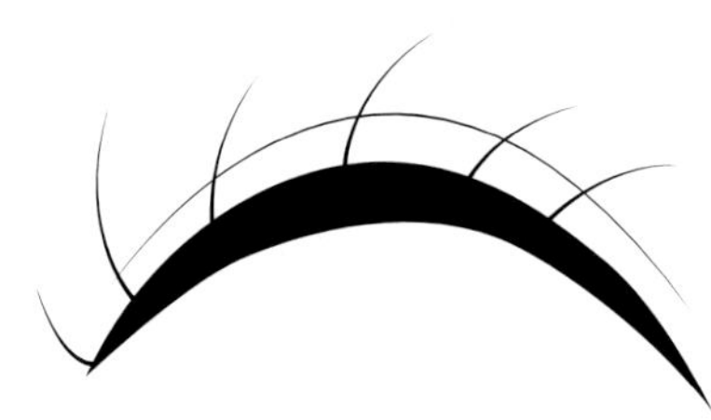

앞쪽과 뒤쪽은 가늘게, 가운데는 조금 두껍게 라인을 만들어 준다.

(4) 기본적인 쌍꺼풀

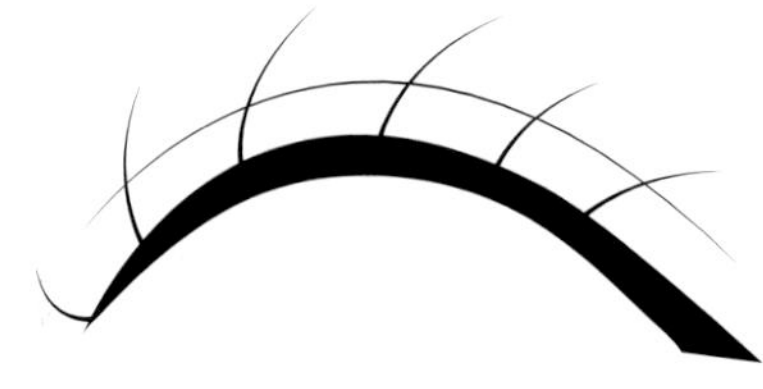

기본 아이라인으로 라인을 그린다.

【아이라인 연습하기】

◆ 기본 아이라인

◆ 기본 꼬리

◆ 올라간 꼬리

◆ 내려간 꼬리

Chapter

03 입술 그리기

1. 기본형 입술

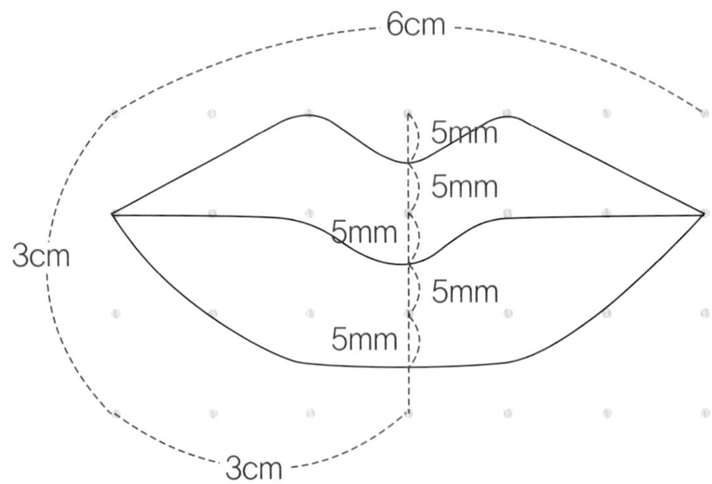

(1) 전체 가로 6cm, 세로 3cm를 기본으로 1cm씩 점을 찍어둔다.

(2) 윗입술은 정 중앙에 포인트를 두고, 아래로 5mm 지점이 중심, 양 옆 1㎝ 지점에서 입술산을 만든 후 2cm를 양끝 1cm 아래까지 선을 연결한다.

(3) 아랫입술은 윗입술과 1 : 1.5 비율로, 아랫입술 2.5cm 지점을 중앙으로 양끝 입꼬리를 위 1cm 지점까지 올려 선을 연결한다.

(4) 이때 아랫입술 중앙 2cm를 직선으로 연결한 후 양 옆 입꼬리까지 연결한다.

【기본형 입술 연습하기】

2. 볼륨형 입술

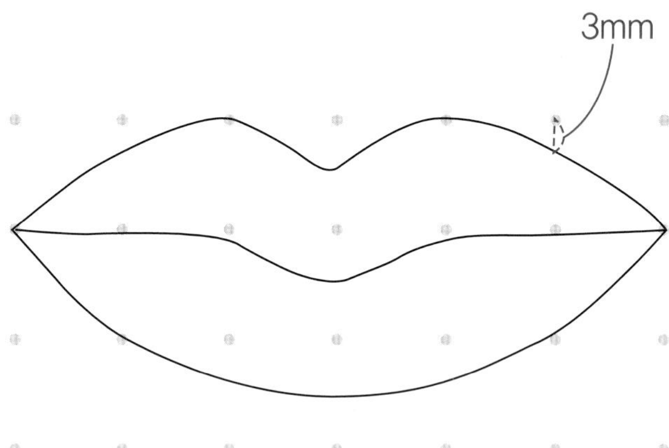

(1) 전체 가로 6cm, 세로 3cm를 기본으로 1cm씩 점을 찍어둔다.

(2) 윗입술은 정 중앙에 포인트를 두고, 아래로 5mm 지점이 중심, 양 옆 1cm 지점에서 입술산을 만든 후, 2cm를 양끝 1cm 아래까지 선을 연결한다.

(3) 이때 윗입술 양 옆 2cm 부분에서 위로 3mm 아래까지 윗 라인을 연결 후 양끝 입술선까지 그려준다.

(4) 아랫입술은 윗입술과 1 : 1.5 비율로, 아랫입술 2.5cm 지점을 중앙으로 양끝 입꼬리를 위 1cm 지점까지 올려 선을 연결한다.

(5) 이때 아랫입술 중앙 2cm씩 4cm를 라운드로 연결한 후, 양 옆 입꼬리까지 연결한다.

【볼륨형 입술 연습하기】

3. 단축형 입술

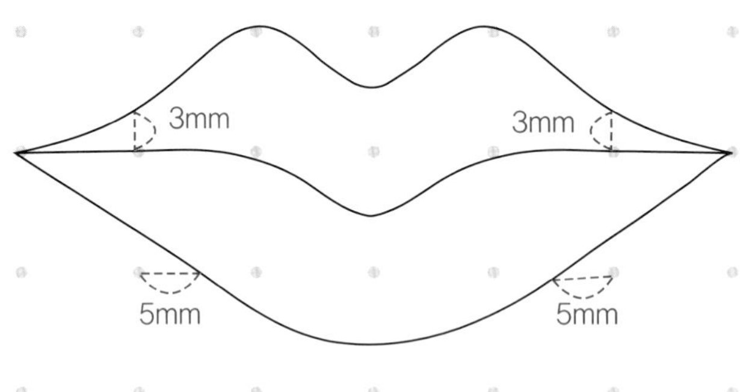

(1) 전체 가로 6cm, 세로 3cm를 기본으로 1cm씩 점을 찍어둔다.

(2) 윗입술은 정 중앙에 포인트를 두고, 아래로 5mm 지점이 중심, 양 옆 1cm 지점에서 입술산을 만든 후, 2cm를 양끝 1cm 아래까지 선을 연결한다.

(3) 이때 윗입술 라인이 아랫입술과 만나는 꼬리쪽 1cm 위를 3mm 정도 위로 입술산과 라운딩되게 선을 연결한다.

(4) 아랫입술은 윗입술과 1 : 1.5 비율로, 아랫입술 2.5cm 지점을 중앙으로 양끝 입꼬리를 위 1cm 지점까지 올려 선을 연결한다.

(5) 이때 아랫입술 중앙에서 바로 양 옆 1.5cm 지점까지 라운딩으로 연결하고, 바로 양 옆 입꼬리까지 연결한다.

【단축형 입술 연습하기】

Part 05

소독과 위생

01 /

소독과 위생

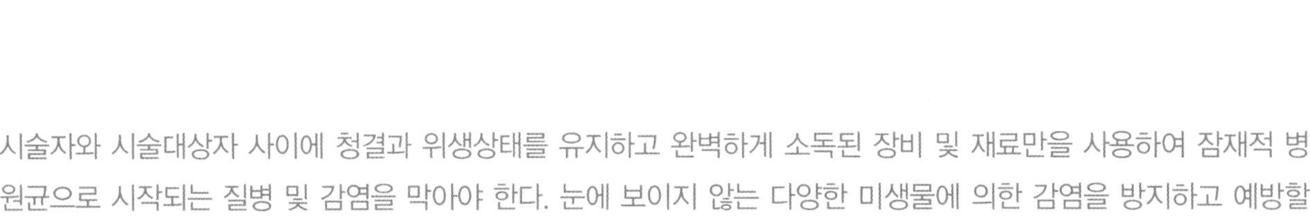

Chapter 01 소독과 위생

시술자와 시술대상자 사이에 청결과 위생상태를 유지하고 완벽하게 소독된 장비 및 재료만을 사용하여 잠재적 병원균으로 시작되는 질병 및 감염을 막아야 한다. 눈에 보이지 않는 다양한 미생물에 의한 감염을 방지하고 예방할 수 있는 방법으로서 오직 청결한 위생상태를 유지하고, 소독과 살균의 특정 방법을 알아보도록 한다.

1. 소 독

소독이란 세균의 수를 안전한 수준으로 감소시키고, 감염을 일으킬 수 있는 병원균만을 사멸 · 제거하는 것을 말한다. 인체에 무해하지만, 미생물의 조직을 파괴하고 사멸하는 소독제를 사용하면 된다.
페이스아트 센터에서 무균상태는 사실상 불가능하다. 하지만 미생물의 감염을 막기 위한 방법은 존재한다. 가장 쉬운 방법이 소독이다.

(1) 소독의 범위

소독의 범위는 곧 페이스아트 센터의 모든 곳이다. 위생적인 복장, 페이스아트 기구, 손잡이, 정수기, 세면대, 바닥, 페이스아트 전용의자 등 미생물이 서식할 수 있는 조건이라면 소독을 게을리 하면 안 된다.

(2) 소독의 3단계

① 초기단계 : 박테리아, 일부 바이러스, 결핵마이코박테륨(폐결핵 유발 바이러스) 박테리아 포자 등을 제거하는 단계이다.
② 일반단계 : 모든 세균, 대부분의 바이러스, 곰팡이, 세균 포자 등을 제거하는 단계이다.
③ 최고단계 : 일부 세균성 포자를 제외한 모든 미생물을 파괴하는 최고단계 등으로 구분할 수 있다.

(3) 소독의 실시

① 초기단계는 최소 1일 1회 이상 실시하여야 한다.
② 전용 소독제를 이용한 바닥청소, 신체와 접촉되는 모든 사물과 복장 세탁 등의 전형적인 위생활동이다.
③ 최고단계는 최소 월 2회 이상 실시하여야 한다.
④ 최고단계에서 사용되는 소독제는 대부분 취급주의 경고 제품이다. 제품을 취급할 수 있는 적절한 교육 이후 실시하는 것이 좋다.
⑤ 1회용이 아닌 모든 페이스아트 재료들은 주기적으로 소독을 해준다.
⑥ 페이스아트 전용 머신은 제조사에 문의하여 소독하는 절차에 따라 멸균작업을 실시한다.
⑦ 노출된 시간이 제한적인 소독제 및 살균제를 사용할 때에는 제한된 시간 안에 청소를 마칠 수 있도록, 바닥청소의 경우 물청소 보다는 마른걸레를 이용하여 소독 및 살균 청소를 해주고, 구역을 나누어 구역별로 꼼꼼하게 청소를 해주는 것이 좋다.

(4) 소독 방법

① 물리적 방법

병원균을 파괴하거나 영향을 미치는 가장 일반적이 방법은 증기 또는 온수의 응용이다. 물리적 방법은 주로 1회용이 아닌, 페이스아트 전용 머신에서 사용되곤 한다. 예를 들어, 높은 소독능력을 가지고 있는 자외선 C(UVC)를 이용한 살균이다. 자외선 살균기의 온도와 제품들의 허용온도를 비교해서 사용해야 한다.

② 화학적 방법

가장 일반적으로 사용되는 화학방법은 전용 소독제, 살균제 등을 사용하는 방법으로서, 취급방법을 충분히 숙지하고 사용해야 한다. 일반적으로 알코올, 클로리헥시딘, 과산화수소, 글루타 알데히드, 암모늄소금 등이 있다. 시설, 가구, 장비 등에서 시술대상자와 동시에 시술자도 감염에서 자유롭기 위해서는 개인의 위생 상태를 철저하게 관리해야 한다.

2. 위 생

(1) 청 소

고객을 맞이하기 이전에 세척 · 소독하는 청소단계에서 시술자는 감염 및 위험요소에 충분히 대비를 한 후 청소를 시작해야 한다. 청소에 사용되는 소독제 및 살균제의 일부분은 사용시간이 제한되어 있거나 신체에 직접적인 접촉을 주의해야 하는 제품들이 있다.

청소에 사용되는 청소도구의 사용법을 충분히 숙지해야 하고, 청소 도중에는 마스크나 장갑 등을 절대 벗어서는 안 된다. 청소를 위해 사용하는 행주의 경우 재사용하는 곳이 많은데, 행주는 미생물이 서식하기 좋은 환경이므로 1회용 행주를 사용해야 한다.

(2) 복 장

적절한 복장과 페이스아트 센터에서 사용할 전용 신발을 착용해야 하며, 1회용 캡, 1회용 위생장갑, 1회용 마스크 등을 착용해야 한다. 또, 출근할 때 착용했던 시계, 팔찌, 반지, 목걸이 등은 병원균이 서식하고 있을 수 있기 때문에 센터 내에서 착용해서는 안 된다.

(3) 손 씻기

1회용 위생장갑을 착용했더라도 페이스아트 치료를 마친 후 시술자는 매번 깨끗이 손을 씻는다. 세면대에는 1회용 항균비누를 비치해 두고, 수건 역시 1회용 사용을 하는 것을 원칙으로 하되, 이를 지키기 어려울 경우에는 수건을 1인 1장 사용의 원칙을 고수한다.

(4) 폐기물 처리

페이스아트 치료를 위해 사용되는 모든 기자재는 의료폐기물이다. 1회용 니들의 경우 처리과정에서의 위험성이 크고, 전염병의 원인이 될 수도 있다. 그 외의 1회용 제품들의 경우 유해물질 오염에 의한 위험성과 전염의 위험이 있기 때문에 의료폐기물로 처리한다.

① 폐기물 보관

의료폐기물의 경우는 매일 폐기물을 처리하기 어렵기 때문에 일정기간 폐기물을 보관하게 된다. 페이스아트 치료에 사용된 폐기물의 경우는 폐기물의 종류를 정하고, 폐기물을 보관하는 전용 용기와 전용 장소에 분리하여 안전하게 보관해야 한다.

- 니들은 그 끝이 뾰족하기 때문에 뚜껑을 통해 완전 밀폐가 가능한 스틸 용기에 보관하는 것이 좋다.
- 치료에 사용했던 거즈솜, 1회용 위생장갑, 1회용 마스크 등 접촉시 감염의 위험이 높은 폐기물은 뚜껑을 통해 완전 밀폐가 가능한 용기에 보관하는 것이 좋다.
- 유해물질로부터 감염 위험성이 적은 색소 용기의 경우는 살균 소독 후 일반 폐기물과 함께 처리하거나 전용 용기에 보관한다.

② 폐기물 처리

의료폐기물은 배출과 수거단계에서 감염성, 손상성, 가연성 및 불연성 등으로 적절하게 잘 분리하고, 전문지식을 갖춘 관리감독자의 지휘 아래 처리해야 한다.

안전한 위생방법

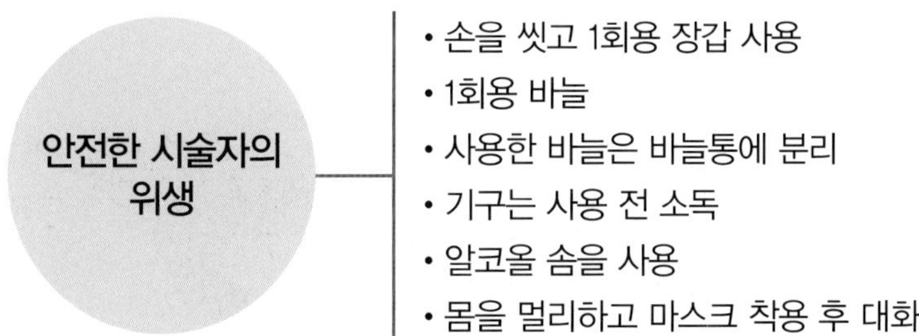

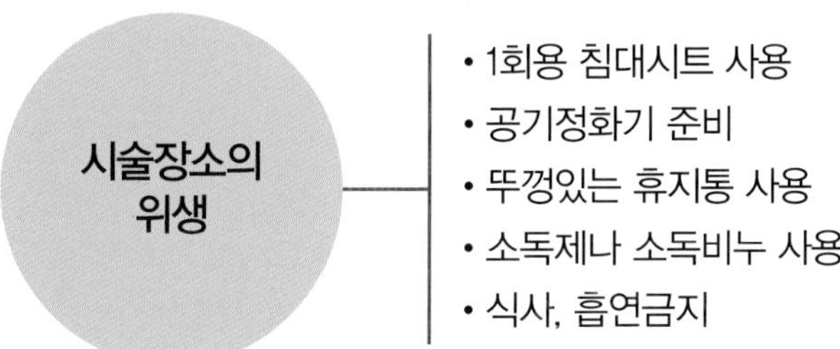